医疗内镜中心建设与设备配置指南

Guidelines for the Construction and Equipment Configuration of Medical Endoscopy Centers

张澍田　周 超　主编

化学工业出版社

·北京·

内容简介

本指南的编写旨在提升医疗机构内镜中心的建设效率和运维管理能力。本书由国内知名医院、设计院和企业专家共同打造，内容着重介绍软式内镜中心建设与设备配置。软式内镜是用于疾病诊断或治疗的可弯曲的内镜。临床上通常用于消化、呼吸、耳鼻喉、泌尿、妇科等。本指南不仅对内镜中心的共性内容进行了描述，又对各科内镜特有的内容做了强调，方便临床的使用。

本书从医疗机构临床内镜科室或中心建筑建设与设备配置的角度，按照医疗工艺流程、选址、面积、规模和功能分区、设备配置、人员要求、感控要求、建筑与装饰装修、结构设计、给排水、暖通与通风空调设计、电气设计、医用气体设计、智能化及信息系统设计、内镜清洗消毒、内镜及耗材的储存、使用及运维管理等方面进行介绍。

本书适用于医疗机构和医疗内镜中心的管理、建设等相关人员参考使用。

图书在版编目（CIP）数据

医疗内镜中心建设与设备配置指南/张澍田，周超主编. —北京：化学工业出版社，2024.4

ISBN 978-7-122-45180-4

Ⅰ.①医… Ⅱ.①张…②周… Ⅲ.①医院-内窥镜检-检验室-建设-指南②内窥镜检-医疗器械-配置-指南 Ⅳ.①TU246.1-62②R197.39-62

中国国家版本馆CIP数据核字（2024）第051699号

责任编辑：陈燕杰　　文字编辑：翟　珂　张晓锦
责任校对：宋　玮　　装帧设计：王晓宇

出版发行：化学工业出版社（北京市东城区青年湖南街13号　邮政编码100011）
印　　装：中煤（北京）印务有限公司
787mm×1092mm　1/16　印张10　字数142千字　　2024年5月北京第1版第1次印刷

购书咨询：010-64518888　　售后服务：010-64518899
网　　址：http://www.cip.com.cn
凡购买本书，如有缺损质量问题，本社销售中心负责调换。

定　　价：168.00元

编写委员会

主　编　张澍田　周　超

副主编　李　昕　张美荣　王　方　王炳强
　　　　周文平　程　君　易　新　杨晓丽
　　　　孟庆庄　涩谷宙

编　者

王　方　全国卫生产业企业管理协会手术室及相关受控空间分会
王　欢　苏州朗开医疗技术有限公司
王　波　中国中元国际工程有限公司
王　晟　中国医科大学附属盛京医院
王　萍　复旦大学附属中山医院
王加强　山东新华医疗器械股份有限公司
王伟岸　解放军总医院第三医学中心
王炳强　山东威高手术机器人有限公司
王海东　北京汉华建筑设计有限公司
王琳锋　中国中元国际工程有限公司
冯　宇　精微视达医疗科技（常州）有限公司
付　野　上海澳华内镜股份有限公司
戎　龙　北京大学第一医院
孙文山　北京汉华建筑设计有限公司
刘华斌　中南建筑设计院股份有限公司
李　昕　首都医科大学附属北京友谊医院
李东兵　迭康（上海）贸易有限公司

李时悦　广州医科大学附属第一医院
吴良信　深圳市资福医疗技术有限公司
吴建刚　迈创精准（北京）检测科技有限公司
张　军　首都医科大学附属北京安贞医院
张　承　杭州安杰思医学科技股份有限公司
张美荣　中国建筑文化研究会医院建筑与文化分会
张澍田　首都医科大学附属北京友谊医院
张银安　中南建筑设计院股份有限公司
周　超　北京汉华建筑设计有限公司
周文平　深圳开立生物医疗科技股份有限公司
孟庆庄　宾得医疗（上海）有限公司
钟　良　复旦大学附属华山医院
易　新　苏州朗开医疗技术有限公司
杨晓丽　奥林巴斯（北京）销售服务有限公司
邱晓珏　解放军总医院第一医学中心
贺　琰　北京大学第一医院
高　岩　解放军总医院第一医学中心
侯　刚　中日友好医院
秦晓梅　中南建筑设计院股份有限公司
董宝坤　首都医科大学附属北京同仁医院
涩谷宙　富士胶片（中国）投资有限公司
韩　丹　中国中元国际工程有限公司
程　君　山东新华医疗器械股份有限公司
程　雷　江苏省人民医院
蒲俞鑫　江苏华系医疗器械股份有限公司

前言

内镜是经自然腔道或人工孔道进入体内并对体内器官或结构进行直接观察，对疾病进行诊疗的医疗设备。可分为软式内镜、硬式内镜和胶囊内镜等。内镜技术是当今医学领域发展迅猛，技术含量较高的一门学科之一。自1805年内镜技术应用于临床，经过200多年的发展，尤其是近20年具有高像素、高分辨率电子内镜的使用，已更深入、更广泛地应用于临床各个方面，改变了临床医学学科工作模式。

2021年，国家卫健委出台了《“十四五”国家临床专科能力建设规划》，计划在县级以上医院推广内镜介入等微创手术。在未来一段时间，将会有很多医院面临着内镜中心的优化、改扩建、新建等工作。

为提升医疗机构各种内镜中心的建设效率和运维管理能力，做到工艺科学、技术先进、安全可靠、经济适用、节能环保、满足医疗服务功能需求，故组织编写了本书。内镜中心涉及呼吸、消化、耳鼻咽喉科、泌尿科、妇科等多个临床重点科室，并已不再局限于常规检查，而是越来越多地应用于治疗和手术，内镜中心的建设水平与质控管理，直接关系着医院的建设水平与医疗安全。

本指南集合医院、设计院、企业等各领域专家共同编制，意在针对规范内镜中心的建筑布局、功能分区、工艺流程、设备配置等焦点问题，提出可行方案及指导建议，切实促进医院专科能力的提升，从而达到以点带面，推动医院高质量发展的目的。

编者于北京

2024年1月

目录

1

总则

（1）为规范和指导医疗机构中内镜中心的建设和设备配置，提升内镜中心的建设效率和设备配置能力，做到工艺科学、技术先进、安全可靠、经济适用、节能环保，满足医疗服务功能需要，故编写了本指南。

（2）本指南适用于综合医院、专科医院及其他医疗机构中新建、改建、扩建的内镜中心区域的建设和设备配置。

（3）医疗内镜中心建设与设备配置指南在实际运用中，还应符合国家现行业标准、规范的规定。

2

概述

2.1 内镜中心概述

内镜中心是近年来发展起来的集检查、治疗为一体的专业科室。主要负责内窥镜检查和治疗，包括胃镜、肠镜、直肠镜等内镜检查，同时也承担一些内脏疾病的治疗工作。

内镜分为软式内镜和硬式内镜。软式内镜是指用于疾病诊断或治疗的可弯曲内镜，分为消化内镜、呼吸内镜、泌尿科内镜、耳鼻喉内镜和妇科内镜等；硬式内镜是指用于疾病诊断或治疗的不可弯曲内镜及相匹配的导光束、器械、附件、超声刀系统、电凝系统等。由于硬式内镜操作目前国内一般都在手术部统一管理，所以不在本指南的编制范围之内。

2.2 内镜中心建设概述

内镜中心的建设应符合医疗机构自身的需求以及当地卫生部门等的管理要求，因地制宜。在决策阶段，应在符合院区总体建设规划基础上，合理地确定规模、布局方式及建设标准，并采用合理适宜技术方案和技术措施。

2.2.1 内镜中心建设宜充分考虑未来内镜技术的发展，注重前瞻性、通用性和灵活性，并适当预留未来改扩建发展条件。

2.2.2 内镜中心的建设应注重医院感染的防控措施，降低感染风险。

2.2.3 内镜中心房间的环境空气及物体表面等卫生学要求应符合本指南及现行业国家标准《医院消毒卫生标准》（GB 15982—2012）的规定。

2.2.3.1　内镜检查或手术后可复用器械应就地处理后密封送内镜清洗消毒区及消毒供应中心集中处理。医疗废弃物应就地打包，密封转运处理。医疗废弃物的处理满足《医疗废物管理条例》的规定。

2.2.3.2　内镜中心服务于传染病患者或有平疫结合建设需求时，其建设还需符合传染病医院及当时卫生行政部门或专业学会颁布的相关规定和要求。

3

医疗工艺

3.1 消化内镜中心

3.1.1 设置规模与功能分区

3.1.1.1 消化内镜中心包括胃镜、肠镜、内镜逆行胰胆管造影术（ERCP）、胶囊式内窥镜等检查与治疗功能，内镜诊疗室数量应按消化科病房床位数及日门诊量核定，每间诊疗室操作间根据不同的内镜操作要求而变化很大。原则上内镜诊疗室面积不小于20～25m^2（房间内安放基本设备后，要保证检查床有360°自由旋转的空间。普通内镜诊疗室面积原则上不小于20m^2，受条件限制的科室根据实际操作空间需求做调整，建议无痛内镜面积不小于25m^2），每间诊疗室日诊疗量约为20～30人次，麻醉复苏床位数量与诊疗室数量宜按1∶1.5～1∶2.5（参见《中国消化内镜诊疗中心安全运行指南（2021）》）设置。内镜消毒后需单独存放，存储间的面积应满足内镜存放的相关要求，医护更衣室（含淋浴卫生间）面积宜按照不小于0.6m^2/人设置。

注： 胶囊式内窥镜是用于消化系统疾病诊断的胶囊形状的消化内窥镜，包括普通胶囊内镜及磁控式胶囊内镜，由于其为非侵入性无创检查，一次性口服使用，无须更衣，无麻醉及复苏要求，对病床配备数、清洗消毒及气体排放亦无要求。

3.1.1.2 消化内镜中心应按照使用功能及感染控制原则进行布置与分区，主要分区如下：

患者及家属等候区： 为患者提供诊疗前的准备区域，主要包括预约登记、术前准备指导、患者候诊区、谈话、更衣、卫生间等功能用房。

术前准备及麻醉复苏区： 为患者提供诊疗前麻醉准备和诊疗后复苏的区域，主要包括麻醉复苏室（用于诊疗前准备、诊疗后复苏）、抢救室、麻醉药品管理间（库房）。实行麻醉／镇静内镜的操作室所配备的麻醉复苏床位应在1：1.5～1：2.5（参见《中国消化内镜诊疗中心安全运行指南（2021）》）之间。

内镜诊疗区：为患者提供检查和治疗的区域，主要包括胃镜、无痛胃镜、肠镜、无痛肠镜、胶囊式内窥镜（包括普通胶囊内镜和磁控胶囊内镜）、超声内镜、ERCP、内镜下手术、胃肠动力检测室、碎石振波室等功能检查治疗用房。

医护办公及辅助储存区：为医护工作人员提供办公和休息的区域，主要包括医护办公室、主任办公室、阅片室、中央控制室、档案室/资料室、示教/会议室、医护更衣室、淋浴室、卫生间、耗材库、休息室等功能用房。诊疗区与医护办公区为双通道，当有平疫转换需求时，在医护办公及辅助存储区增设PPE存储间、穿脱间等。

内镜清洗消毒存放区：用于内镜的清洗、消毒、干燥和存储区域，主要包括内镜清洗、消毒间，内镜存放间。

污物污洗区：用于污物的存放和清洗，主要包括污物间、污洗间。

附属用房区：用于提供内镜中心所需要的医疗气体及清洗消毒用水处理等机电设备房间，主要包括二氧化碳气体汇流排间、空压机房、水处理间。

3.1.2 医疗工艺流程

3.1.2.1 功能布置原则与要求

内镜中心宜自成一区，集中布置。由于各功能区所服务的对象及功能不同，平面布置应根据不同服务对象的进入方向及工艺流程的需求，设置相应的功能区域，各功能区之间既有联系又有区分。

3.1.2.2 流线组织要求

患者、医护、洁净物品、污染物品、内镜流线设置原则应满足“医患分流、患患分流、洁污分流”的原则；通过入口、通道等有效组织进入内镜中心的各种人流、物流，做到各行其道，避免不同流线交叉感染。

内镜诊疗室应在前后两侧分别设置洁污通道连接至内镜清洗消毒存放区，便于使用后污染内镜以及清洗消毒后清洁内镜的转运，流线不交叉。胃镜、肠镜的清洗槽、自动清洗消毒机应分开设置和使用。

3.1.2.3　医疗流程设计

（1）患者就诊流程　具体参见消化内镜中心患者就诊流程图（图3-1）。

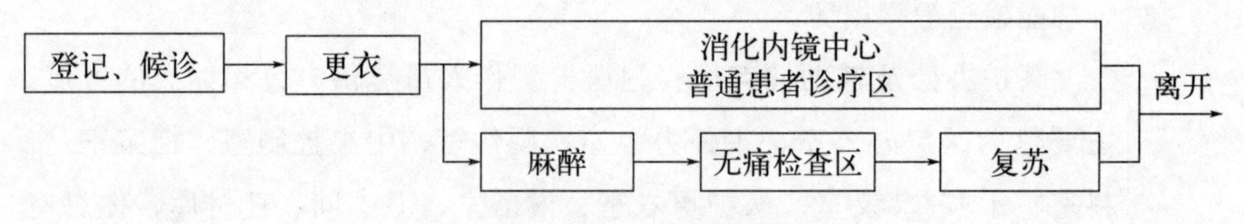

图3-1　消化内镜中心患者就诊流程图

（2）医护人员工作流程　具体参见消化内镜中心医护人员工作流程图（图3-2）。

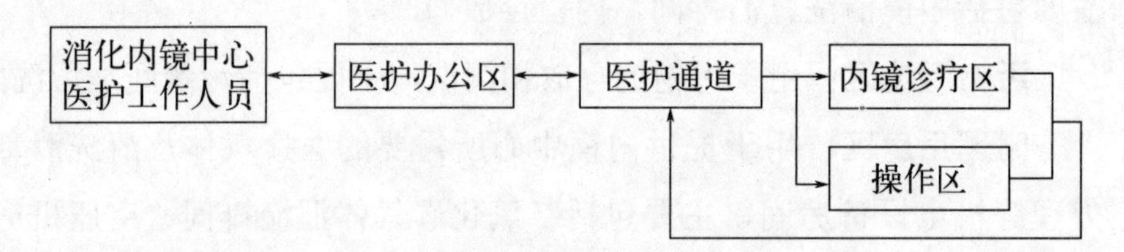

图3-2　消化内镜中心医护人员工作流程图

（3）物品转运流程　具体参见消化内镜中心物品转运流程图（图3-3）。

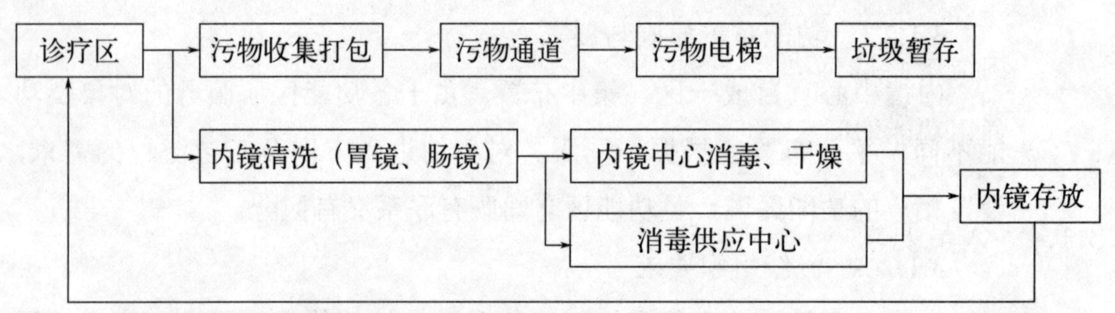

注:内镜存放后使用需结合镜库产品性能进行分类，并符合《软式内镜清洗消毒技术规范》(WS 507—2016)相关要求

图3-3　消化内镜中心物品转运流程图

（4）内镜使用流程　具体参见消化内镜中心内镜使用流程图（图3-4）。

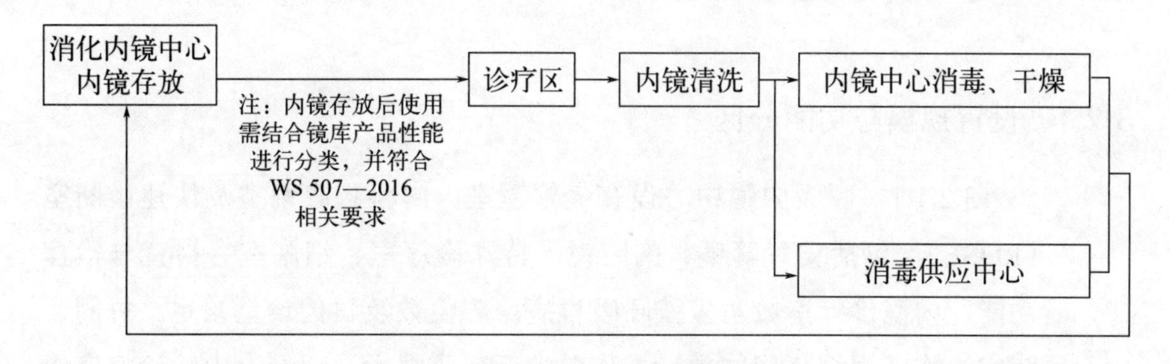

图3-4　消化内镜中心内镜使用流程图

（5）胶囊内镜使用流程　具体参见胶囊内镜使用流程图（图3-5）。

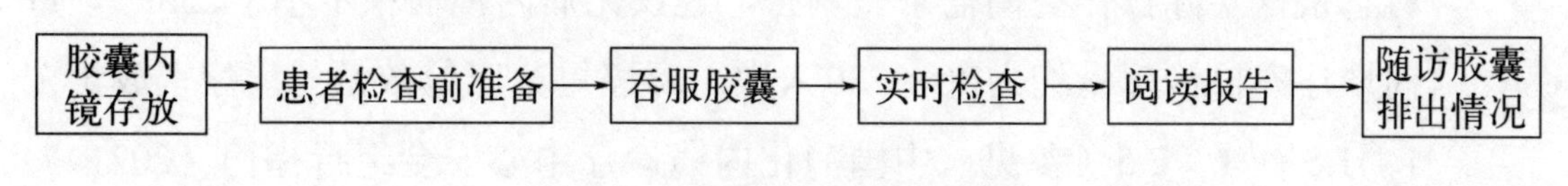

图3-5　胶囊内镜使用流程图

3.1.3　设备与家具配置

设备配置详见附表章节中内镜中心通用功能房间设备配置表及消化内镜中心特有功能房间设备配置表，家具配置详见附表章节中内镜中心通用功能房间家具配置表及消化内镜中心特有房间家具配置表。

3.1.4　人员要求

内镜中心的医护人员配比按照诊疗量或诊疗室数量配置，宜为每间诊疗室配置不少于1～2名医生，1～2名护士，有条件可增加一名技师或文秘。

3.2 呼吸内镜中心

3.2.1 设置规模与功能分区

3.2.1.1 呼吸内镜中心设有气管镜室、内科胸腔镜室及快速诊断室（ROSE），包括支气管镜、胸腔镜、特殊诊疗室、细胞室等检查与治疗功能，内镜诊疗室数量应按呼吸科病房床位数及日门诊量核定。每间诊疗室操作间根据不同的内镜操作要求而变化很大。原则上内镜诊疗室面积不小于20～25m²（房间内安放基本设备后，要保证检查床有360°自由旋转的空间。普通内镜诊疗室面积原则上不小于20m²，确有困难的科室根据实际操作空间需求做调整，建议无痛内镜面积不小于25m²），每间诊疗室日诊疗量约为20～30人次，麻醉复苏床位数量与诊疗室数量按1∶1.5～1∶2.5（参见《中国消化内镜诊疗中心安全运行指南（2021）》）设置。内镜消毒后需单独存放，存储间的面积应满足内镜存放的相关要求，医护更衣室（含淋浴卫生间）面积宜按照不小于0.6m²/人设置。

3.2.1.2 呼吸内镜中心应按照使用功能及感染控制原则进行布置与分区，主要分区如下，下文中“略”的内容同本章3.1.1.2中相同分区的功能。

患者及家属等候区（略）

术前准备及麻醉复苏区（略）

内镜诊疗区：为患者提供检查和治疗的区域，主要包括支气管镜、胸腔镜、特殊诊疗室、细胞室等功能检查用房。

医护办公及辅助储存区（略）

内镜清洗消毒存放区（略）

污物污洗区（略）

附属用房区（略）

3.2.2 医疗工艺流程

3.2.2.1 功能布置原则与要求

内镜中心宜自成一区，集中布置。由于各功能区所服务的对象及功能不同，平面布置应根据不同服务对象的进入方向及工艺流程的需求，设置相应的功能区域，各功能区之间既有联系又有区分。

3.2.2.2 流线组织要求

患者、医护、洁净物品、污染物品、内镜流线设置原则应满足“医患分流、患患分流、洁污分流”的原则；通过入口、通道等有效地组织进入内镜中心的各种人流、物流，做到各行其道，避免不同流线交叉感染。

内镜诊疗室应在前后两侧分别设置洁污通道连接至内镜清洗消毒存放区，便于使用后污染内镜以及清洗消毒后清洁内镜的转运，流线不交叉。

3.2.2.3 医疗流程设计

（1）患者就诊流程 具体参见呼吸内镜中心患者就诊流程图（图3-6）。

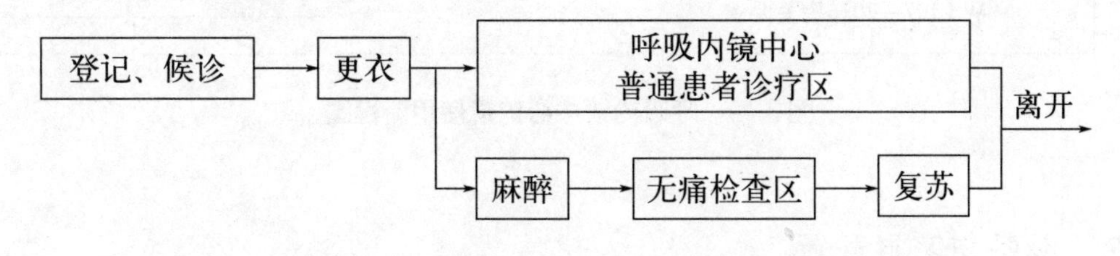

图3-6 呼吸内镜中心患者就诊流程图

（2）医护人员工作流程 具体参见呼吸内镜中心工作人员工作流程图（图3-7）。

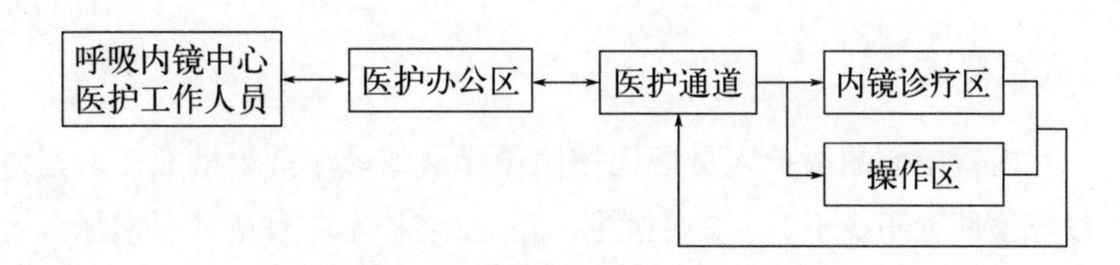

图3-7 呼吸内镜中心医护人员工作流程图

（3）物品转运流程　具体参见呼吸内镜中心物品转运流程图（图3-8）。

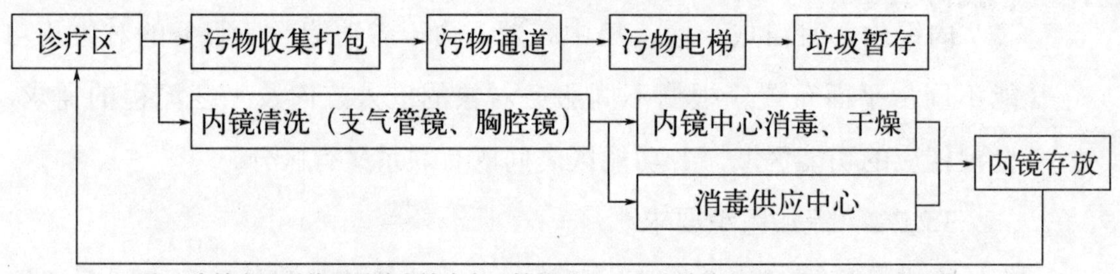

图3-8　呼吸内镜中心物品转运流程图

（4）内镜使用流程　具体参见呼吸内镜中心内镜使用流程图（图3-9）。

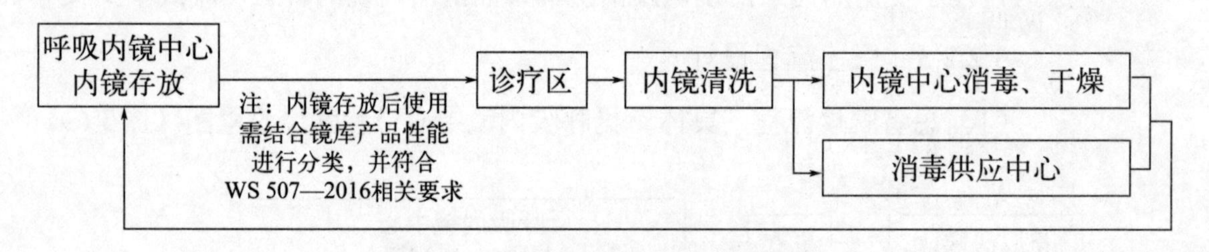

图3-9　呼吸内镜中心内镜使用流程图

3.2.3　设备与家具配置

设备配置详见附表章节中内镜中心通用功能房间设备配置表及呼吸内镜中心功能房间设备配置表，家具配置详见附表章节中内镜中心通用功能房间家具配置表及呼吸内镜功能房间家具配置表。

3.2.4　人员要求

内镜中心的医护人员配比按照诊疗量或诊疗室数量配置，宜为每间诊疗室配置不少于1～2名医生，1～2名护士，有条件可增加一名技师或文秘。

3.3 泌尿科内镜中心

3.3.1 设置规模与功能分区

3.3.1.1 泌尿科内镜中心包括膀胱镜、腹腔镜、输尿管镜、经皮肾镜、前列腺电切镜、尿道切开镜等检查与治疗功能，内镜诊疗室数量应按泌尿科病房床位数及日门诊量核定，每间诊疗室操作间根据不同的内镜操作要求而变化很大。原则上内镜诊疗室面积不小于20～25m^2（房间内安放基本设备后，要保证检查床有360°自由旋转的空间，普通内镜诊疗室面积原则上不小于20m^2，确有困难的科室根据实际操作空间需求做调整，建议无痛内镜面积不小于25m^2），每间诊疗室日诊疗量约为20～30人次，麻醉复苏床位数量与诊疗室数量按1∶1.5～1∶2.5（参见《中国消化内镜诊疗中心安全运行指南（2021）》）设置。内镜消毒后需单独存放，存储间的面积应满足内镜存放的相关要求，医护更衣室（含淋浴卫生间）面积宜按照不小于0.6m^2/人设置。

3.3.1.2 泌尿科内镜中心应按照使用功能及感染控制的原则进行布置与分区，主要分区如下，下文中“略”的内容同本章3.1.1.2中相同分区的功能。

患者及家属等候区（略）

术前准备及麻醉复苏区（略）

内镜诊疗区：为患者提供检查的区域，主要包括膀胱镜、腹腔镜、输尿管镜、经皮肾镜、前列腺电切镜、尿道切开镜等功能检查用房。

医护办公及辅助储存区（略）

内镜清洗消毒存放区（略）

污物污洗区（略）

附属用房区（略）

3.3.2 医疗工艺流程

3.3.2.1 功能布置原则与要求

内镜中心宜自成一区，集中布置。由于各功能区所服务的对象及功能不同，平面布置应根据不同服务对象的进入方向及工艺流程的需求，设置相应的功能区域，各功能区之间既有联系又有区分。

3.3.2.2 流线组织要求

患者、医护、洁净物品、污染物品、内镜流线设置原则应满足“医患分流、患患分流、洁污分流”的原则；通过入口、通道等有效地组织进入内镜中心的各种人流、物流，做到各行其道，避免不同流线交叉感染。

内镜诊疗室应在前后两侧分别设置洁污通道连接至内镜清洗消毒存放区，便于使用后污染内镜以及清洗消毒后清洁内镜的转运，流线不交叉。

3.3.2.3 医疗流程设计

（1）患者就诊流程 具体参见泌尿科内镜中心患者就诊流程图（图3-10）。

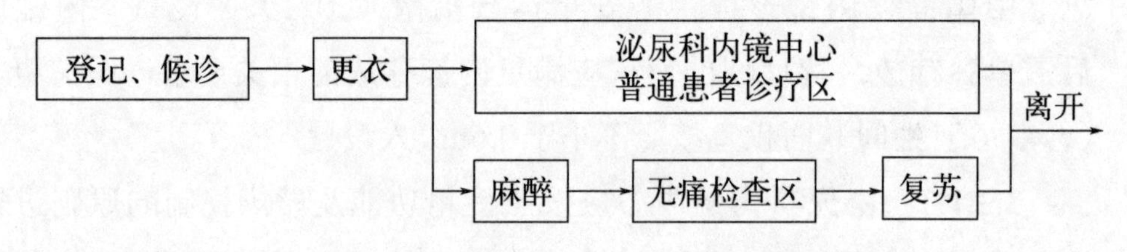

图3-10 泌尿科内镜中心患者就诊流程图

（2）医护人员工作流程 具体参见泌尿科内镜中心医护人员工作流程图（图3-11）。

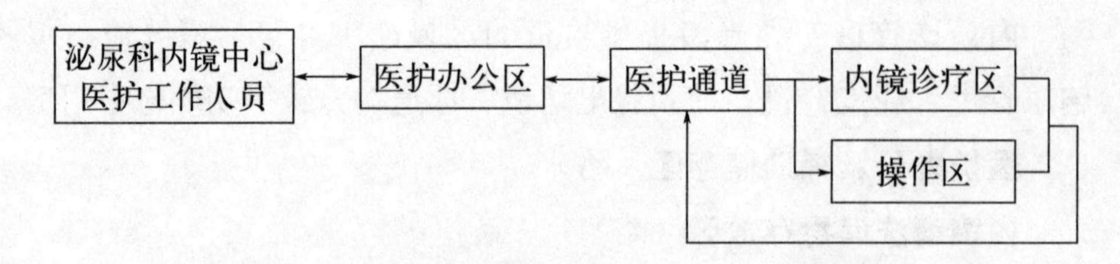

图3-11 泌尿科内镜中心医护人员工作流程图

（3）物品转运流程　具体参见泌尿科内镜中心物品转运流程图（图3-12）。

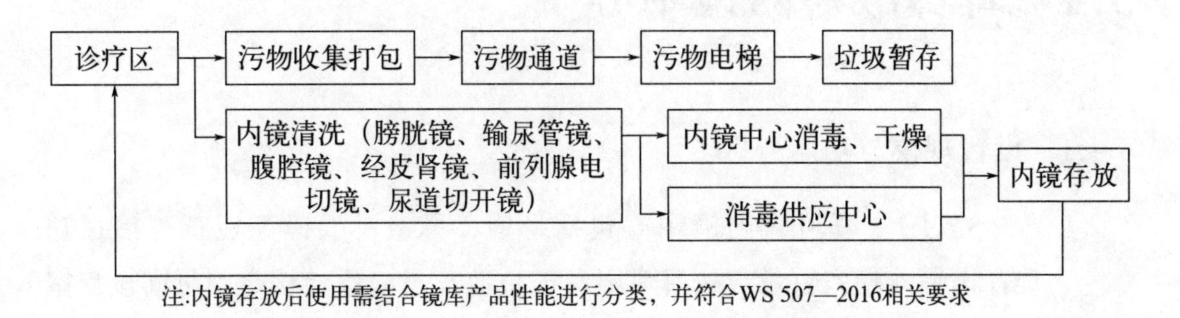

图3-12　泌尿科内镜中心物品转运流程图

（4）内镜使用流程　具体参见泌尿科内镜中心内镜使用流程图（图3-13）。

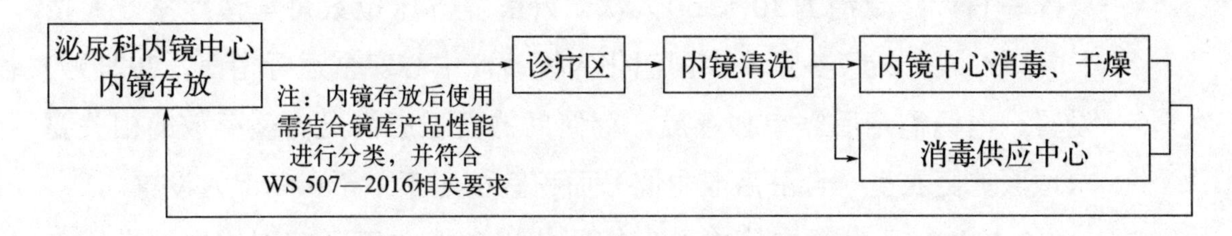

图3-13　泌尿科内镜中心内镜使用流程图

3.3.3　设备与家具配置

设备配置详见附表章节中内镜中心通用功能房间设备配置表及泌尿内镜中心功能房间设备配置表，家具配置详见内镜中心通用功能房间家具配置表及泌尿内镜中心功能房间家具配置表。

3.3.4　人员要求

内镜中心的医护人员配比按照诊疗量或诊疗室数量配置，宜为每间诊疗室配置不少于1～2名医生，1～2名护士，有条件可增加一名技师或文秘。

3.4 耳鼻喉科内镜中心

3.4.1 设置规模与功能分区

3.4.1.1 耳鼻喉内镜中心包括耳镜、鼻镜、喉镜等检查与治疗功能，内镜诊疗室数量应按耳鼻喉科床位数及日门诊量核定，每间诊疗室操作间根据不同的内镜操作要求而变化很大。原则上内镜诊疗室面积不小于20～25m^2（房间内安放基本设备后，要保证检查床有360°自由旋转的空间。普通内镜操作房间面积原则上不小于20m^2，确有困难的科室根据实际操作空间需求做调整，建议无痛内镜面积不小于25m^2），每间诊疗室日诊疗量约为30～50人次，麻醉复苏床位数量与诊疗室数量按1∶1.5～1∶2.5（参见《中国消化内镜诊疗中心安全运行指南（2021）》）设置，内镜消毒后需单独存放，存储间的面积应满足内镜存放的相关要求，医护更衣室（含淋浴卫生间）面积宜按照不小于0.6m^2/人设置。

3.4.1.2 耳鼻喉内镜中心应按照使用功能及感染控制的原则进行布置与分区，主要分区如下，下文中“略”的内容同本章3.1.1.2中相同分区的功能。

患者及家属等候区（略）

术前准备及麻醉复苏区（略）

内镜诊疗区：为患者提供检查的区域，主要包括耳镜、鼻镜、喉镜等功能检查用房。

医护办公及辅助储存区（略）

内镜清洗消毒存放区：用于内镜的清洗、消毒、干燥和存储区域，主要包括内镜清洗、消毒间，内镜存放间。

污物污洗区（略）

附属用房区（略）

3.4.2 医疗工艺流程

3.4.2.1 功能布置原则与要求

内镜中心宜自成一区，集中布置。由于各功能区所服务的对象及功能不同，平面布置应根据不同服务对象的进入方向及工艺流程的需求，设置相应的功能区域，各功能区之间既有联系又有区分。

3.4.2.2 流线组织要求

患者、医护、洁净物品、污染物品、内镜流线设置原则应满足“医患分流、患患分流、洁污分流”的原则；通过入口、通道等有效地组织进入内镜中心的各种人流、物流，做到各行其道，避免不同流线交叉感染。

内镜诊疗室应在前后两侧分别设置洁污通道连接至内镜清洗消毒存放区，便于使用后污染内镜以及清洗消毒后清洁内镜的转运，流线不交叉。

3.4.2.3 医疗流程设计

（1）患者就诊流程 具体参见耳鼻喉科内镜中心患者就诊流程图（图3-14）。

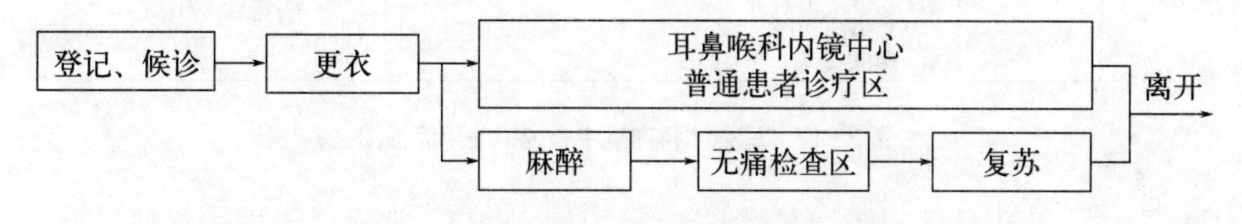

图3-14 耳鼻喉科内镜中心患者就诊流程图

（2）医护人员工作流程 具体参见耳鼻喉科内镜中心医护工作人员工作流程图（图3-15）。

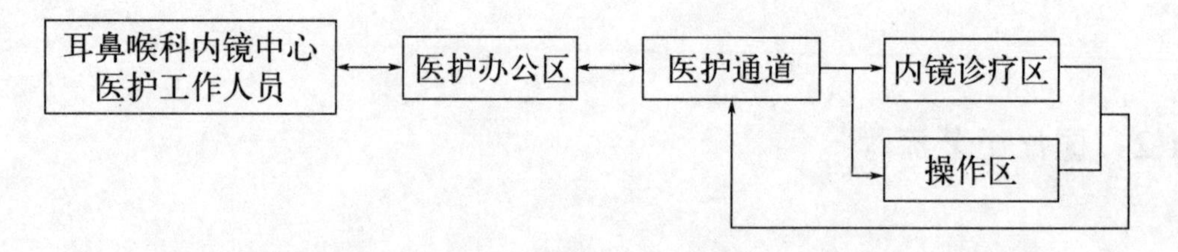

图3-15　耳鼻喉科内镜中心医护人员工作流程图

（3）物品转运流程　具体参见耳鼻喉科内镜中心物品转运流程图（图3-16）。

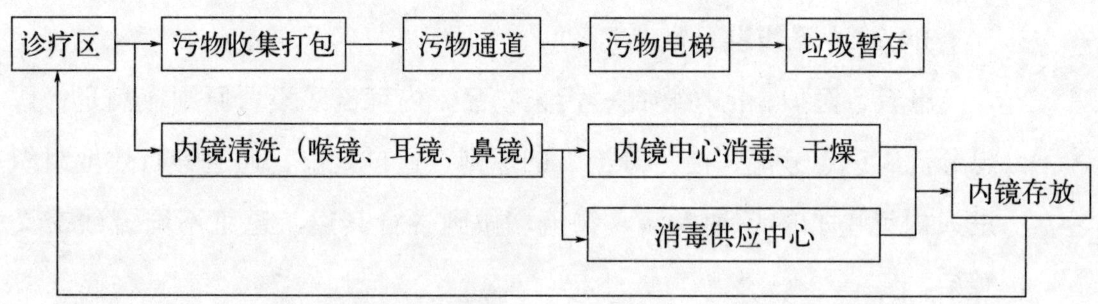

图3-16　耳鼻喉科内镜中心物品转运流程图

（4）内镜使用流程　具体参见耳鼻喉科内镜中心内镜使用流程图（图3-17）。

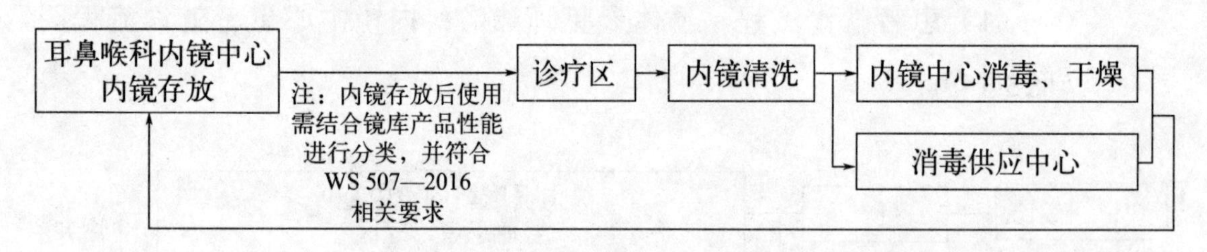

图3-17　耳鼻喉科内镜中心内镜使用流程图

3.4.3　设备与家具配置

设备配置详见附表章节中内镜中心通用功能房间设备配置表及耳鼻喉内镜中心功能房间设备配置表，家具配置详见附表章节中内镜中心通用功能房间家具配置表及耳鼻喉内镜中心功能房间家具配置表。

3.4.4 人员要求

内镜中心的医护人员配比按照诊疗量或诊疗室数量配置，宜为每间诊疗室配置不少于1～2名医生，1～2名护士。有条件可增加一名技师或文秘。

3.5 妇科内镜中心

3.5.1 设置规模与功能分区

3.5.1.1 妇科内镜中心包括宫腔镜、阴道镜、妇科腹腔镜等检查与治疗功能，内镜诊疗室数量应按妇科病房床位数及日门诊量核定，每间诊疗室操作间根据不同的内镜操作要求而变化很大。原则上内镜诊疗室面积不小于20～25m^2（房间内安放基本设备后，要保证检查床有360°自由旋转的空间。普通内镜诊疗室面积原则上不小于20m^2，确有困难的科室根据实际操作空间需求做调整，建议无痛内镜面积不小于25m^2），每间诊疗室日诊疗量约为30～40人次，麻醉复苏床位数量与诊疗室数量按1∶1.5～1∶2.5（参见《中国消化内镜诊疗中心安全运行指南（2021）》）设置，内镜消毒后需单独存放，存储间的面积应满足内镜存放的相关要求，医护更衣室（含淋浴卫生间）面积宜按照不小于0.6m^2/人设置。

3.5.1.2 妇科内镜中心应按照使用功能及感染控制原则进行布置与分区，主要分区如下，下文中“略”的内容同本章3.1.1.2中相同分区的功能。

患者及家属等候区（略）

术前准备及麻醉复苏区（略）

内镜诊疗区：为患者提供检查的区域，主要包括宫腔镜、阴道镜、妇科腹腔镜等功能检查用房。

医护办公及辅助储存区（略）

内镜清洗消毒存放区（略）

污物污洗区（略）

附属用房区（略）

3.5.2 医疗工艺流程

3.5.2.1 功能布置原则与要求

内镜中心宜自成一区，集中布置。由于各功能区所服务的对象及功能不同，平面布置应根据不同服务对象的进入方向及工艺流程的需求，设置相应的功能区域，各功能区之间既有联系又有区分。

3.5.2.2 流线组织要求

患者、医护、洁净物品、污染物品、内镜流线设置原则应满足“医患分流、患患分流、洁污分流”的原则；通过入口、通道等有效地组织进入内镜中心的各种人流、物流，做到各行其道，避免不同流线交叉感染。

内镜诊疗室应在前后两侧分别设置洁污通道连接至内镜清洗消毒存放区，便于使用后污染内镜以及清洗消毒后清洁内镜的转运，流线不交叉。

3.5.2.3 医疗流程设计

（1）患者就诊流程　具体参见妇科内镜中心患者就诊流程图（图3-18）。

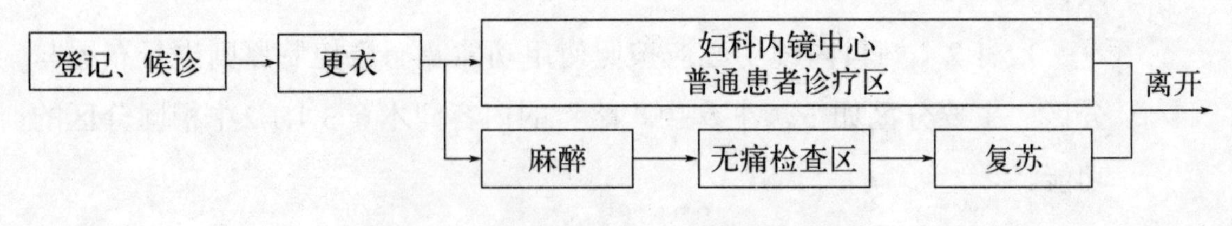

图3-18　妇科内镜中心患者就诊流程图

（2）医护人员工作流程　具体参见妇科内镜中心医护人员工作流程图（图3-19）。

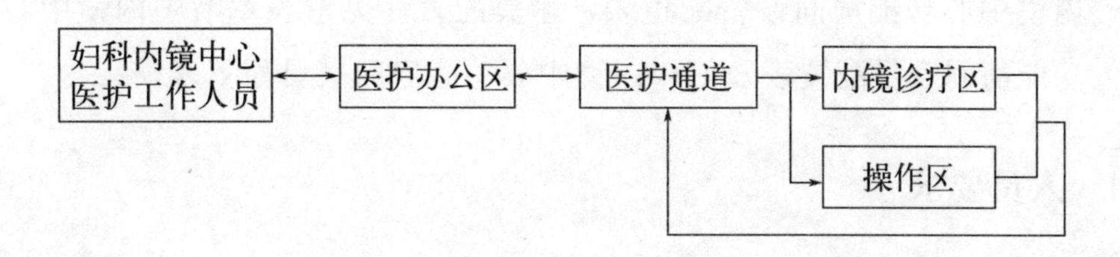

图3-19　妇科内镜中心医护人员工作流程图

（3）物品转运流程　具体参见妇科内镜中心物品转运流程图（图3-20）。

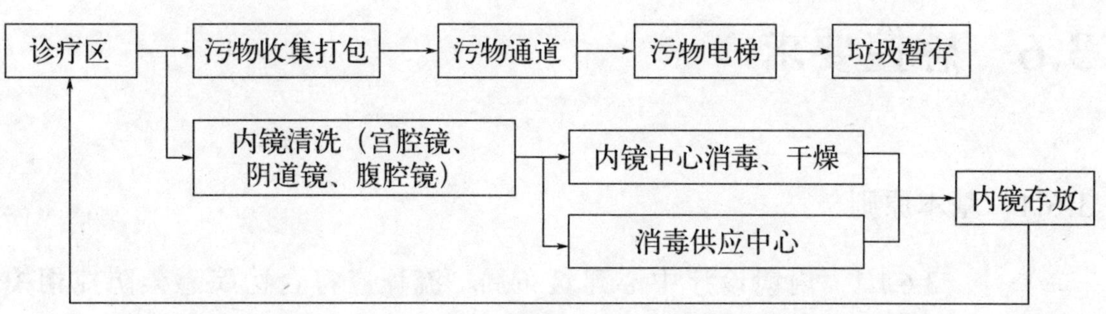

注：内镜存放后使用需结合镜库产品性能进行分类，并符合WS 507—2016相关要求

图3-20　妇科内镜中心物品转运流程图

（4）内镜使用流程　具体参见妇科内镜中心内镜使用流程图（图3-21）。

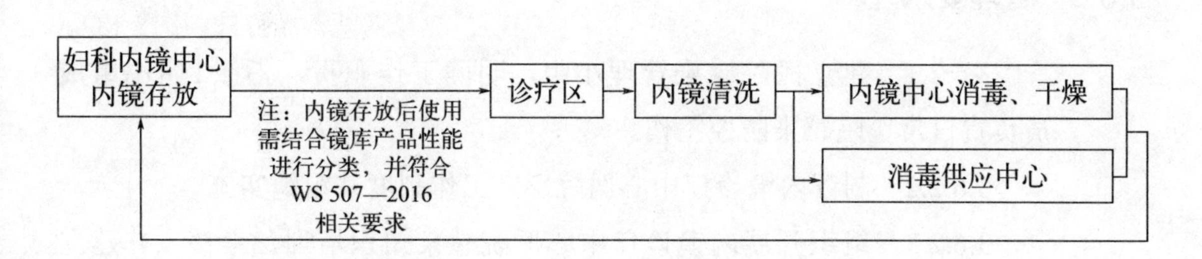

图3-21　妇科内镜中心内镜使用流程图

3.5.3 设备与家具配置

设备配置详见附表章节中内镜中心通用功能房间设备配置表及妇科内镜中心功能房间设备配置表，家具配置详见附表章节中内镜中心通用功能房间家具配置表及妇科内镜中心功能房间家具配置表。

3.5.4 人员要求

内镜中心的医护人员配比按照诊疗量或诊疗室数量配置，宜为每间诊疗室配置不少于1～2名医生，1～2名护士。有条件可增加一名技师或文秘。

3.6 感控要求

3.6.1 基本原则

3.6.1.1 内镜诊疗中心建筑布局、流程应符合医院感染防控相关要求。

3.6.1.2 内镜诊疗相关器械器具的清洗、消毒、灭菌及评价应符合医院感染管理相关法规要求；内镜及其配件的数量与实际诊疗工作相匹配，有专人负责，经培训合格上岗，并配备合适的清洗、消毒与灭菌设备。

3.6.2 管理要求

3.6.2.1 建立医院感染管理小组，明确工作职责，指派1名小组成员负责日常医院感染防控工作。

3.6.2.2 制订内镜诊疗中心医院感染工作制度并组织实施。

3.6.2.3 组织开展内镜诊疗中心医院感染知识培训、考核，并建立相关记录。

3.6.2.4　工作人员进行内镜诊疗工作中执行标准预防措施，避免医源性感染。

3.6.2.5　规范开展诊疗内镜消毒效果监测，定期进行内镜诊疗室、医务人员手卫生的卫生学监测，监测结果符合《医院消毒卫生标准》。

3.6.3　人员要求

3.6.3.1　内镜诊疗中心工作人员应积极参加医院感染防控相关知识和技能的培训。

3.6.3.2　遵循医院感染管理的相关制度及流程。

3.6.3.3　内镜诊疗过程中应严格执行无菌技术操作规程，选用清洁、消毒灭菌合格的医疗用品。

3.6.3.4　熟练掌握手卫生方法，执行手卫生要求。

3.6.3.5　按诊疗操作风险佩戴个人防护用品。

3.6.3.6　进行内镜诊疗操作发生意外伤害时，应根据医疗机构职业暴露的预防、处置及上报制度要求进行处置与报告。

3.6.4　内镜清洗消毒与灭菌管理要求

3.6.4.1　内镜诊疗相关器械器具的清洗消毒和灭菌管理应符合医院感染管理相关技术规范要求，进入人体组织、器官的医疗器械、器具和物品必须达到灭菌水平；接触皮肤、黏膜的医疗器械、器具和物品必须达到消毒水平；各种用于注射、穿刺、采血等有创操作的医疗器具必须一用一灭菌。

3.6.4.2　内镜诊疗相关医疗器械器具的清洗消毒和灭菌技术应严格执行相关技术规范要求；金属内镜清洗消毒和灭菌应执行《医院消毒供应中心 第1部分：管理规范》（WS 310.1）、《医院消毒供应中心 第2部分：清洗消毒及灭菌技术操作规范》（WS 310.2）、《医院消毒供应中心 第3部分：清洗消毒及灭菌监测标准》（WS 310.3）的相关规定。纤维软镜的清洗消毒和灭菌应执行《软式内镜清洗消毒技术规范》（WS 507—2016）相应要求。

3.6.4.3 内镜诊疗区域内设置清洗消毒和灭菌工作区的，应预先规划清洗消毒灭菌场所，合理规划回收清洗区（室）、消毒区或灭菌操作区（室）；各区（室）面积应满足清洗消毒及灭菌操作需要，配备必要清洗、消毒、干燥及灭菌设备；建立内镜诊疗器械的清洗消毒及灭菌记录，记录内容应可追溯。

3.6.5 环境清洁消毒

3.6.5.1 内镜诊疗区应保持通风良好，空气消毒方法按《经空气传播疾病医院感染预防与控制规范》WS/T 511相关要求选择配置；接诊疑似或确诊呼吸道传染性疾病患者后，应先进行室内空气消毒再进行环境表面清洁消毒。

3.6.5.2 内镜诊疗区物体及仪器设备表面消毒符合按《医疗机构环境表面清洁与消毒管理规范》WS/T 512相关要求；建立消毒记录，消毒记录应标注高频接触表面的具体点位。

3.6.6 医疗废物分类收集及转运

3.6.6.1 使用本医疗机构统一配置的医疗废物袋、锐器盒，按照《医疗废物管理条例》和《医疗废物分类目录》（2021年版）相关要求进行医疗废物的分类、收集及转运。

3.6.6.2 医疗器具的使用者按医疗废物分类要求，将废弃的医疗用品分别放入医疗废物专用收集桶（感染性废物）和利器盒（损伤性废物）。

3.6.6.3 达到容器的3/4量时应严密封闭，按医疗机构内部管理流程进行交接和转运。

3.6.6.4 医疗废物包装袋外表面被感染性废物污染时，对被污染处进行消毒处理或增加一层包装。

4

建筑与装饰装修

4.1 选址与布局要求

4.1.1 内镜中心的选址

4.1.1.1 内镜中心作为兼具检查和治疗的医技科室，同时服务于门诊与住院患者，但相对主要服务于门诊患者。在医疗机构中设置内镜中心时，宜设置在门诊与住院之间更方便门诊患者的区域，专科内镜也可以根据需要安排在专科门诊区域，与诊区一体化布局，形成一站式专科诊疗中心。

4.1.1.2 为避免患者长时间等待电梯，内镜中心宜选择较低的楼层。

4.1.1.3 内镜中心宜与其有密切关系的门诊邻近，宜与有关的药房、病理、消毒供应中心等联系便捷。

4.1.1.4 内镜中心的具体位置应满足医院感染控制相关要求。

4.1.1.5 内镜中心的各洁污、医患出入口应能与主体建筑对应的医患、洁污通道紧密联系。

4.1.2 内镜中心的布局要求

4.1.2.1 内镜中心分区具体参见医疗工艺相关内容及附表章节中的附表1、附表2。

4.1.2.2 根据医疗流程需求，整体设计按非洁净手术室布局，通过入口、通道等有效地组织进入内镜中心的各种人流、物流，做到各行其道，避免不同流线交叉感染。

4.1.2.3 清洗消毒间应接近内镜诊疗室，便于内镜转运。

4.1.2.4 改建内镜中心，洁净通道和污物通道无法分别独立设置的，通过管理措施采取封闭运转控制污染扩散。

4.1.2.5 不同系统（如呼吸、消化系统）软式内镜的诊疗工作应分区分室进行。

4.2 房间组成及设计要求

4.2.1 消化内镜中心

4.2.1.1　房间组成及比例具体参见3.1.1相关章节及附表章节中附表1及附表2。

4.2.1.2　设计要求

（1）患者及家属等候区的要求　患者等候区面积不小于$20m^2$。

（2）术前准备及麻醉复苏区的要求　术前准备区设置应注重保护患者隐私，增加私密性，有条件的单位可设立更衣室，推荐实心墙分隔成单个房间，也可用吊帘分隔，吊帘分隔者平行床间距不应小于1.40m，床沿与墙面净距不应小于1m。术前准备区应配备负压吸引、供氧、生命体征监测设备，以及麻醉镇静术前准备需要的手套、静脉注射针、无菌注射器、生理盐水、无菌敷贴、皮肤黏膜消毒液等。术前准备区可同时进行术前谈话与麻醉风险评估，以便签署相关知情同意书，保证足够的空间便于医师同患者及其家属进行沟通。

复苏区规模应与内镜操作室的规模相适应，麻醉内镜操作室与复苏区床位的理想比例为1∶2.5。复苏区应配置必要的监护设备、给氧系统、负压吸引系统、急救设备、急救呼叫系统及具备相应资质的医护人员，应保证每一例麻醉恢复患者均在监护状态。

（3）内镜诊疗区的要求　具体参见3.1.1相关章节及附表章节中关于房间功能组成、设备配置、家具配置的相关附表。

（4）清洗消毒存放区的要求　清洗消毒室面积不小于$40m^2$，内部流程应做到由污到洁，污洁无交叉。胃镜和肠镜的清洗消毒系统应分开。清洗消毒室应配备符合内镜清洗消毒规范《软式内镜清洗消毒技术规范》（WS 507—2016）的相关要求。清洗消毒室应保持通风良好，如采用机械通风宜采取“上送下排”的气流方式，换气次数建议不小于10次/h，最小新风量应达到2次/h。储镜室面积应大于$10m^2$。

（5）附属用房区的要求　具体参见3.1.1相关章节及附表章节中消化内镜中心功能组成、设备配置、家具配置的相关附表。

4.2.2　呼吸内镜中心

4.2.2.1　房间组成及比例具体参见3.2.1相关章节及附表章节中附表1、附表2。

4.2.2.2　设计要求

呼吸内镜的候诊区、诊疗区、清洗消毒区应独立成区，尽可能安排在下风向和相对负压环境。

（1）患者及家属等候区的要求　患者等候区面积不小于$20m^2$。

（2）术前准备及麻醉复苏区的要求　术前准备区设置应注重保护患者隐私，增加私密性，有条件的单位可设立更衣室，推荐实心墙分隔成单个房间，也可用吊帘分隔，吊帘分隔者平行床间距不应小于1.40m，床沿与墙面净距不应小于1m。术前准备区应配备负压吸引、供氧、生命体征监测设备，以及麻醉镇静术前准备需要的手套、静脉注射针、无菌注射器、生理盐水、无菌敷贴、皮肤黏膜消毒液等。术前准备区可同时进行术前谈话与麻醉风险评估，以便签署相关知情同意书，保证足够的空间便于医师同患者及其家属进行沟通。

复苏区规模应与内镜操作室的规模相适应，麻醉内镜操作室与复苏区床位的理想比例为1：2.5。复苏区应配置必要的监护设备、给氧系统、负压吸引系统、急救设备、急救呼叫系统及具备相应资质的医护人员，应保证每一例麻醉恢复患者均在监护状态。

（3）内镜诊疗区的要求　具体参见3.2.1相关章节及附表章节中关于房间功能组成、设备配置、家具配置的相关附表。

（4）清洗消毒存放区的要求　清洗消毒室面积应大于$40m^2$，内部流程应做到由污到洁，污洁无交叉。清洗消毒室应配备符合内镜清洗消毒规范《软式内镜清洗消毒技术规范》（WS 507—2016）的相关要求。清洗消毒室应保持通风良好，如采用机械通风宜采取“上送下排”的气流方式，换气次数建议不小于10次/h，最小新风量应达到2次/h。储镜室面积应大于$10m^2$。

（5）附属用房区的要求　具体参见3.2.1相关章节及附表章节中呼吸内镜中心功能组成、设备配置、家具配置的相关附表。

4.2.3　泌尿科内镜中心

4.2.3.1　房间组成及比例具体参见3.3.1相关章节及附表章节中附表1、附表2。

4.2.3.2　设计要求

（1）患者及家属等候区的要求　患者等候区面积不小于$20m^2$。

（2）术前准备及麻醉复苏区的要求　术前准备区设置应注重保护患者隐私，增加私密性，有条件的单位可设立更衣室，推荐实心墙分隔成单个房间，也可用吊帘分隔，吊帘分隔者平行床间距不应小于1.40m，床沿与墙面净距不应小于1m。术前准备区应配备负压吸引、供氧、生命体征监测设备，以及麻醉镇静术前准备需要的手套、静脉注射针、无菌注射器、生理盐水、无菌敷贴、皮肤黏膜消毒液等。术前准备区可同时进行术前谈话与麻醉风险评估，以便签署相关知情同意书，保证足够的空间便于医师同患者及其家属进行沟通。

复苏区规模应与内镜操作室的规模相适应，麻醉内镜操作室与复苏区床位的理想比例为1∶2.5。复苏区应配置必要的监护设备、给氧系统、吸引系统、急救设备、急救呼叫系统及具备相应资质的医护人员，应保证每一例麻醉恢复患者均在监护状态。

（3）内镜诊疗区的要求　具体参见3.3.1相关章节及附表章节中关于房间功能组成、设备配置、家具配置的相关附表。

（4）清洗消毒存放区的要求　清洗消毒室面积不小于$40m^2$，内部流程应做到由污到洁，污洁无交叉。清洗消毒室应配备符合内镜清洗消毒规范《软式内镜清洗消毒技术规范》（WS 507—2016）的相关要求。清洗消毒室应保持通风良好，如采用机械通风宜采取“上送下排”的气流方式，换气次数建议≥10次/h，最小新风量应达到2次/h。储镜室面积应大于$10m^2$。

（5）附属用房区的要求　具体参见3.3.1相关章节及附表章节中泌尿内镜中心功能组成、设备配置、家具配置的相关附表。

4.2.4　耳鼻喉科内镜中心

4.2.4.1　房间组成及比例具体参见3.4.1相关章节及附表章节中附表1、附表2。

4.2.4.2　设计要求

（1）患者及家属等候区的要求　患者等候区面积不小于$20m^2$。

（2）术前准备及麻醉复苏区的要求　术前准备区设置应注重保护患者隐私，增加私密性，有条件的单位可设立更衣室，推荐实心墙分隔成单个房间，也可用吊帘分隔，吊帘分隔者平行床间距不应小于1.40m，床沿与墙面净距不应小于1m。术前准备区应配备负压吸引、供氧、生命体征监测设备，以及麻醉镇静术前准备需要的手套、静脉注射针、无菌注射器、生理盐水、无菌敷贴、皮肤黏膜消毒液等。术前准备区可同时进行术前谈话与麻醉风险评估，以便签署相关知情同意书，保证足够的空间便于医师同患者及其家属进行沟通。

复苏区规模应与内镜操作室的规模相适应，麻醉内镜操作室与复苏区床位的理想比例为1∶2.5。复苏区应配置必要的监护设备、给氧系统、负压吸引系统、急救设备、急救呼叫系统及具备相应资质的医护人员，应保证每一例麻醉恢复患者均在监护状态。

（3）内镜诊疗区的要求　具体参见3.4.1相关章节及附表章节中关于房间功能组成、设备配置、家具配置的相关附表。

（4）清洗消毒存放区的要求　清洗消毒室面积不小于$40m^2$，内部流程应做到由污到洁，污洁无交叉。清洗消毒室应配备符合内镜清洗消毒规范《软式内镜清洗消毒技术规范》（WS 507—2016）的相关要求。清洗消毒室应保持通风良好，如采用机械通风宜采取“上送下排”的气流方式，换气次数建议不小于10次/h，最小新风量应达到2次/h。储镜室面积应大于10m^2。

（5）附属用房区的要求　具体参见3.4.1相关章节及附表章节中耳鼻喉内镜中心功能组成、设备配置、家具配置的相关附表。

4.2.5　妇科内镜中心

4.2.5.1　房间组成及比例具体参见3.5.1相关章节及附表章节中附表1、附表2。

4.2.5.2　设计要求

（1）患者及家属等候区的要求　患者等候区面积不小于20m^2。

（2）术前准备及麻醉复苏区的要求　术前准备区设置应注重保护患者隐私，增加私密性，有条件的单位可设立更衣室，推荐实心墙分隔成单个房间，也可用吊帘分隔，吊帘分隔者平行床间距不应小于1.40m，床沿与墙面净距不应小于1m。术前准备区应配备负压吸引、供氧、生命体征监测设备，以及麻醉镇静术前准备需要的手套、静脉注射针、无菌注射器、生理盐水、无菌敷贴、皮肤黏膜消毒液等。术前准备区可同时进行术前谈话与麻醉风险评估，以便签署相关知情同意书，保证足够的空间便于医师同患者及其家属进行沟通。

复苏区规模应与内镜操作室的规模相适应，麻醉内镜操作室与复苏区床位的理想比例为1∶2.5。复苏区应配置必要的监护设备、给氧系统、负压吸引系统、急救设备、急救呼叫系统及具备相应资质的医护人员，应保证每一例麻醉恢复患者均在监护状态。

（3）内镜诊疗区的要求　具体参见3.5.3相关章节及附表章节中关于房间功能组成、设备配置、家具配置的相关附表。

（4）清洗消毒存放区的要求　清洗消毒室面积不小于40m^2，内部流程应做到由污到洁，污洁无交叉。清洗消毒室应配备符合内镜清洗消毒规范《软式内镜清洗消毒技术规范》（WS 507—2016）的相关要求。清洗消毒室应保持通风良好，如采用机械通风宜采取“上送下排”的气流方式，换气次数建议≥10次/h，最小新风量应达到2次/h。储镜室面积应大于$10m^2$。

（5）附属用房区的要求　具体参见3.5.1相关章节及附表章节中妇科内镜中心功能组成、设备配置、家具配置的相关附表。

4.3　通用建筑技术要求

建筑的采光、隔声、防火、防水、环保、无障碍、标识等通用技术要求应符合国家和地方的相关规范。

4.4　装饰装修

4.4.1　装饰装修原则

4.4.1.1　建筑装饰应遵循易清洁、耐擦洗、防腐蚀、耐碰撞、不开裂、防渗漏、环保节能、防火的总原则。

4.4.1.2　室内装饰材料选材应符合现行《建筑内部装修设计防火规范》（GB 50222—2017）、《民用建筑工程室内环境污染控制标准》（GB 50325—2020）的要求。

4.4.1.3　诊疗间墙面可结合采光需要设置内百叶玻璃隔断，提升诊疗空间采光条件和使用感受。

4.4.1.4　室内材料的色彩搭配应考虑患者心理特征，并综合考虑色相、饱和度、明度的搭配，色相宜有彩色，不宜全白，饱和度不宜过高，色温宜小于3500K，明度宜明，不要产生压抑感。

4.4.2 构造要求

4.4.2.1 建筑构造应满足防结露、防渗和密闭要求，机电管道穿过处应采取密封措施。防辐射房间应满足防辐射构造要求。

4.4.2.2 室内各墙体、地面及顶棚阴阳角宜做成圆弧半径大于30mm的圆角。

4.4.3 地面选材

4.4.3.1 一般房间地面选用PVC卷材、橡胶卷材等耐擦洗、防腐蚀、防滑的材料面层。ERCP等用房地面选用防静电PVC卷材、防静电橡胶卷材等防潮、绝缘、防静电面层。

4.4.3.2 淋浴间、卫生间、开水间、备餐间、污洗间、内镜清洗消毒间等有水或需要冲洗消毒的房间地面选用地砖等耐洗涤消毒材料，并设防水层。

4.4.3.3 踢脚线材料宜与地面材料一致，且与墙面平接。

4.4.3.4 库房、垃圾暂存间等均应采取防潮、防虫、防鼠、雀以及其他动物侵入等措施。

4.4.4 顶棚选材

4.4.4.1 顶棚材料应根据不同的功能分区选用金属板、玻纤板、矿棉吸声板、硅酸钙板、石膏板等光滑平整、耐擦洗、有吸声性能的材料。

4.4.4.2 淋浴间、卫生间、垃圾暂存间、内镜清洗消毒间等有水或需要冲洗消毒的房间顶棚可选用金属板等防潮、耐擦洗、防腐蚀材料。

4.4.5 墙体、墙面选材

4.4.5.1 内隔墙材料可因地制宜选用轻质砌块墙、条板、轻钢龙骨墙体。改造工程建议采用轻钢龙骨A级防火抗菌板墙体。饰面层直接复合在墙板上，减少湿作业，可缩短工期，并根据未来发展情况对空间进行灵活拆分。

4.4.5.2 一般房间墙面材料可选用石材、玻化墙砖、A级防火抗菌板、抗菌耐擦洗涂料等。ERCP、膀胱镜等有防辐射要求的房间，墙面可选用铅板、含钡砂浆等进行防护。

4.4.5.3 淋浴间、卫生间、开水间、备餐间、垃圾暂存间、内镜清洗消毒间等有水或需要冲洗消毒的房间墙面选用面砖等耐洗涤消毒材料，有淋浴处墙面设防水层。

4.4.6 建筑设施和部件

建筑设施和部件应与气流的流动方向有效结合，应控制空气按规定压力梯度，实现空气流向由清洁区向半污染区、污染区单向流动。

4.4.7 门

4.4.7.1 门应符合《建筑用医用门通用技术要求》中相关要求，满足隔声性能、抗撞击并耐擦洗消毒，同时考虑防撞设施和无障碍设施。

4.4.7.2 内镜诊疗室门的门，净宽不宜小于1.4m，宜采用电动悬挂式自动门，应具有自动延时关闭和防撞击功能，并应有手动功能。

4.4.7.3 防火门应按现行《建筑设计防火规范》（2018年版）（GB 50016—2014）设置甲、乙、丙级防火门，建议选用钢质防火门。

4.4.7.4 防辐射门应根据设备对房间防护要求选用，满足防辐射要求。

4.4.8 窗

4.4.8.1 传递窗 结合实际需要设置。应采用双门密闭联锁传递窗，并设紫外线消毒灯。传递窗四周墙体应有构造加强措施，窗底距地高度0.8～1.0m。建议采用不锈钢框传递窗，便于擦拭消毒。可选用500mm、

600mm规格。

4.4.8.2　防辐射窗　应根据设备对房间防护要求选用。

4.4.9　其他配件

4.4.9.1　防撞扶手，患者活动走廊建议采用表面光滑的PVC防撞扶手。

4.4.9.2　治疗带，治疗带建议采用金属或PVC材质。

4.4.9.3　输液导轨，观察室应设输液导轨，建议采用铝合金材质。不建议选用带凹槽的输液导轨，不易清洗消毒。

5

结构

5.1 荷载取值建议

内镜中心配套房间一般设置有诊室、病房、候诊区、内镜手术室、设备存放间、洗消间等，各功能房间结构活荷载取值建议见表5-1。

表5-1 结构活荷载取值表

序号	类别	标准值/（kN/m^2）
1	诊室	2.5
2	病房	2.0
3	候诊区	3.0
4	内镜手术室	3.0
5	设备存储间	4.0
6	洗消间	4.0

注：因各科室采用的内镜各不相同，所采用的消毒方式不同，上表所列荷载值根据一般情况总结归纳，如有较大设备，荷载取值还应根据科室内的实际情况进行调整。

5.2 场地条件

5.2.1 预留机电条件

暖通、给排水、电气、弱电专业一般需要结构配合预留楼板开洞等，较大的洞口应在主体设计阶段提前预留，以免后期开洞造成结构加固。对于在已有建筑内的内镜中心建设项目，如需进行结构加固，业主方应委托具有资质的检测鉴定机构对改造范围进行检测鉴定，根据检测鉴定的结论采取相应的结构加固措施。

5.2.2 结构放射防护预留

随着内镜技术的不断发展，和其他诊疗技术结合应用的情况也越来越多，采用内镜与射线检查结合进行诊疗就是应用之一。因射线的存在，需采取防护措施。防护的方式有多种，采用结构自身进行防护是既经济又比较可靠的一种方式。

结构防护措施：

（1）房间的结构顶板及底板进行加厚。

（2）房间的侧墙采用密度较大的砖砌块。

（3）建筑面层改用密度较大的砂浆面层。

6

给排水设计

6.1 一般规定

6.1.1 给排水管道不应从强弱电机房以及重要的医疗设备房内架空通过。

6.1.2 内镜中心的排水应排入医院污水处理站处理。

6.2 给水

6.2.1 水质与水量

6.2.1.1 供给内镜中心用水的水量应满足《综合医院建筑设计规范》（GB 51039—2014）的要求，水质应符合国家标准《生活饮用水卫生标准》（GB 5749—2022）的有关规定。

6.2.1.2 清洗消毒室供水应满足工艺要求，管径和压力应满足医疗工艺用水系统最大进水量要求。

6.2.1.3 清洗消毒室应有纯水供应，纯水应满足清洗消毒工艺对水质的要求。

6.2.2 卫生器具

6.2.2.1 下列场所应采用非手动开关，并应采取污水外溅的措施：

（1）公共卫生间的洗手盆、小便斗、大便器。

（2）护士站、治疗室、中心（消毒）供应室、无菌室等房间的洗手盆。

（3）有无菌要求或防止院内感染场所的卫生器具。

6.2.2.2　采用非手动开关的用水点应符合下列要求

（1）公共卫生间的洗手盆宜采用感应自动水龙头，小便斗宜采用自动冲洗阀，蹲式大便器宜采用脚踏式自闭冲洗阀或感应冲洗阀。

（2）护士站、治疗室、洁净室和消毒供应中心等房间的洗手盆，应采用感应自动、膝动或肘动开关水龙头。

（3）洁净无菌室的洗手盆，应采用感应自动水龙头。

6.2.3　管材选用

给水和热水的管材应选用符合国家现行标准的不锈钢管、铜管或无毒给水塑料管。

6.3　排水

6.3.1　水封与排水管要求

6.3.1.1　清洗消毒室设备排水，应采用间接排水的方式，在排水口的下部设置高度不小于50mm的水封，严禁采用活动机械活瓣替代水封，卫生器具的排水管段上严禁重复设置水封。

6.3.1.2　清洗消毒室的排水管的管径，应大于计算管径1～2级，且不得小于DN100，支管管径不得小于DN75。

6.3.1.3　清洗消毒室的高温排水，应单独收集并设置降温池，排水管材应采用无缝钢管。

6.3.2　地漏设置要求

内镜中心地面排水地漏的设置，应符合下列要求：

（1）地漏应采用带过滤网的无水封直通型地漏加存水弯，严禁采用钟式结构地漏，地漏的通水能力应满足地面排水的要求。

（2）浴室和空调机房等经常有水流的房间应设置地漏。

（3）卫生间有可能形成水流的房间宜设置地漏。

（4）对于空调机房等季节性地面排水，以及需要排放冲洗地面、冲洗废水的医疗用房等，应采用可开启式密封地漏。

（5）地漏附近有洗手盆时，宜采用洗手盆的排水给地漏水封补水。

7

供暖通风与空调系统设计

7.1 一般规定

7.1.1 内镜中心应根据所在地区的气候条件、能源结构以及各房间的功能要求，合理确定通风、空调及供暖设计方案。

7.1.2 宜结合院区暖通系统既有条件及内镜中心的具体情况，选取供暖空调冷热源，内镜中心空调系统应保证过渡季节能够独立使用。

7.1.3 呼吸内镜诊疗区应防范传染病通过空调系统传播，空调通风系统应按平疫结合原则设计。

7.1.4 在有射线屏蔽的房间，对于穿墙后的风管和配管，应采取不小于墙壁铅当量的屏蔽措施，并应满足隔墙耐火极限的要求。

7.1.5 内镜中心暖通空调设计上应符合《综合医院建筑设计规范》(GB 51039—2014) 及国家及地方现行相关规范、标准的要求。

7.2 空调通风系统

7.2.1 室内设计参数

7.2.1.1 设置空调系统时，室内温、湿度设计参数应符合表7-1规定。

表7-1 室内空调设计温度、湿度

房间名称	夏季		冬季	
	温度/℃	相对湿度/%	温度/℃	相对湿度/%
诊疗室	25 ～ 26	50 ～ 65	22 ～ 24	30 ～ 45
ERCP诊疗室	23 ～ 25	50 ～ 65	22 ～ 24	30 ～ 45

续表

房间名称	夏季		冬季	
	温度/℃	相对湿度/%	温度/℃	相对湿度/%
候诊室	25～27	50～65	18～22	30～45
麻醉复苏室	25～27	50～65	20～24	30～45
清洗消毒存放区	26～27	50～65	18～22	30～45
清洗消毒室	26～27	≤75	18～22	—
办公	25～27	≤65	18～22	—

7.2.1.2　医技用房室内设计温湿度应满足医疗设备对环境的要求。

7.2.1.3　内镜中心设计最小新风量应符合表7-2的规定。

表7-2　主要房间最小新风量

房间名称	新风量	
	$m^3/(h\cdot人)$	每小时换气次数
诊疗室	—	2
ERCP诊疗室	—	3
麻醉复苏室	—	2
清洗消毒存放区	—	1
清洗消毒室	—	2
候诊室	40	—
办公	30	—

7.2.2　空调系统冷热源设置要求

7.2.2.1　内镜诊疗室宜设置独立冷热源，可采用变频多联机空调系统或独立的集中式冷热源空调系统。无论采用何种冷热源系统形式，应确保内镜诊疗室全年温湿度要求，温湿度参数应符合表7-1的规定。

7.2.2.2　当利用医院集中冷热源时，水环路设置应便于运行管理及灵活调节，内镜中心应设置独立的水环路，医院动力中心集中冷水机组及燃气锅炉应能适应内镜中心负荷需求，并应设置过渡季节能独立运行的备用冷热源。

7.2.2.3 当采用多联机空调系统时，应根据当地气候条件合理选择多联机系统形式，寒冷及严寒地区宜选择具有喷气增焓功能的多联机空调系统，应能适应极寒气象参数。

7.2.3 空调通风末端系统设置要求

7.2.3.1 不同类型内镜室的功能用房空调通风系统应独立设置。

7.2.3.2 灭菌内镜诊疗室的诊疗环境至少应达到非洁净手术室的要求，宜按Ⅳ洁净手术室设计，并应符合下列要求：

（1）空调系统应采用末端过滤器，效率不低于高中效过滤器的空调系统或全新通风系统。

（2）换气次数不得低于6次/h，噪声不应大于50dB（A）。

（3）室内应保持正压。

（4）医院对灭菌内镜诊疗室其他的建设标准要求。

7.2.4 当内镜中心设有洁净手术室或洁净诊疗室时，其相关技术要求尚应符合《综合医院建筑设计规范》（GB 51039—2014）及《医院洁净手术部建筑技术规范》（GB 50333—2013）中的相关要求。

7.2.5 空调通风系统气流组织设置要求

7.2.5.1 内镜中心空调系统应选择合理的气流组织方式，避免患者及医护人员受冷热气流直接吹扫，人员长期停留区风速控制：夏季不大于0.3m/s，冬季不大于0.2m/s。

7.2.5.2 呼吸内镜、肠镜及支气管镜室的空调通风系统气流组织应考虑传染病影响因素，空调通风系统的送风口应设置在房间上部，使清洁空气首先流经医护人员工作区域。

7.2.5.3　清洗消毒室机械通风系统宜采取“上送下排”方式。

7.2.6　清洗消毒室、盥洗间及厕所应有良好的通风，宜采用机械通风，清洗消毒室及盥洗间最小换气次数不小于10次/h，厕所及污物间最小换气次数不小于12次/h，清洗消毒室最小新风量不小于2次/h，房间保持相对负压。

7.2.7　为避免有毒有害及具有传染性的气体通过正压管道泄漏至室内空间，通风系统的排风机宜设在排风管道末端，使管路保持负压。

7.2.8　呼吸内镜区空调通风系统设计应满足下列要求。

7.2.8.1　应设机械通风系统；送、排风系统应按清洁区、污染区分别独立设置。

7.2.8.2　机械送、排风系统应使空气压力由清洁区到半污染区、污染区依次降低，使空气从清洁区流向半污染区、污染区单向流动，确保清洁区为正压，污染区为负压。

7.2.8.3　半污染区、污染区排风系统不应与其他排风系统共用风管。

7.2.8.4　送、排风机应设置于清洁区或室外安全地带，排风机的设置应使室内风管处于负压。

7.2.8.5　排风系统排风口与新风系统取风口平面位置应考虑年最多风向，宜布置于建筑物不同朝向，远离人员活动区域并保证一定的安全距离。

7.2.8.6　作为呼吸传染病治疗时污染区的新风量不宜小于6次/h的换气次数。

7.2.8.7　相邻不同污染等级区域之间宜设置压差检测装置。

7.2.8.8　通风系统应采取措施保证各区压力梯度要求。

7.2.8.9　负压病房气流组织应防止送、排风短路。送风口应设置在房间上部，使清洁空气首先流经医护人员工作区域；污染区的排风口应设置在房间下部，且排风口底部距地面不应小于100mm。

7.2.8.10 清洁区送风应经过粗效、中效处理；污染区、半污染区送风应经过粗效、中效、亚高效过滤器三级处理。

7.2.8.11 污染区、半污染区排风系统应经过高效过滤器处理后排放。

7.2.8.12 空调冷凝水应分区集中收集，间接排入污水系统。

7.2.9 空调通风系统控制措施

7.2.9.1 统冷（热）水机组的制冷（热）量应能根据负荷变化进行全自动调节并具备各项安全保护装置。

7.2.9.2 水冷机组的起动按：冷冻水泵—冷却水泵—冷却塔风机—冷水机组的顺序开启，采用一机、二泵（冷却水泵，冷冻水泵）一塔的控制程序编程，停机相反。

7.2.9.3 空气源热泵机组的启停控制程序为：开机程序，冷（热）水泵（对应水路电动蝶阀）→空气源热泵机组；停机与此相反。

7.2.9.4 空调冷水变流量一级泵系统控制

（1）冷水变频水泵的运行 由典型不利环路的末端压差控制水泵变频运行。

（2）制冷机组的运行 按实际负荷需求控制或按机组运行电流控制。

（3）主机最小运行流量控制 在供回水总管间设旁通阀，通过对总管流量及各运行机组流量的测量，判定机组的实际运行流量，当系统流量小于机组允许的最小流量时，开启旁通阀，以及保证冷水机组的最小水流量需求。

（4）为确保一级泵变流量系统的正常运行，要求该系统所有控制元件、流量测量元件、控制阀门等质量可靠、测量精度准确。

（5）空调水系统应设有定压及补水装置，宜采用开式水箱补水定压；当采用闭式膨胀水箱补水定压，定压装置应根据补水点设定压力值自动补水定压，宜设有压力监控和报警装置。

（6）一次回风空调系统控制：由装设在表冷（加热）器后的温度传

感器所检测的温度信号送往控制器与设定点温度相比较，控制回水管上的电动调节阀的开度；由装设在回风总管上的温度传感器所检测的温度信号控制空调送风机的变频运行，使室内温度保持在设定的范围内，并设定风机最小运行频率，变频至频率设定下限时，根据送风温度调节冷热水阀开度。电动阀与空调机的风机联锁，当切断风机电源时，电动阀亦同时关断。

（7）新风机的控制　由装设在送风管内的温度传感器所检测的温度信号送往DDC控制器与设定点温度相比较，控制回水管上的电动调节阀，使送风温度保持在设定的范围内，电动阀与送风机联锁，切断风机电源，电动阀亦同时关闭。

（8）风机盘管的控制由室内恒温器和回水管上的两通电动阀组成，通过恒温器控制电动阀开关，使室温保持在设定范围内。

（9）净化系统控制方式

① 高压静电除尘杀菌装置应与空调机组联动控制，同步开启、延时停止。

② 光氢离子空气净化装置应与空调机组、风机盘管联动控制，同步启停。

（10）变频多联空调系统控制

变频多联空调系统控制方式宜用有线控制器就地控制，并设置集中管理控制系统，应具有远程管理控制能力，具体方案宜由多联机厂商配套供应，宜能实现下列控制功能：

① 每台室内机可以独立进行控制。

② 温度设定　室内温度可设定在20～30℃（制冷模式）及17～30℃（供暖模式）。

③ 风速设定　可选择高—中—低风速。

④ 定时器　可设定全年或每天的开关时间程序，可设定模式、温度和风速。

⑤ 群组设定　大空间的多台室内机可连接同一遥控器，设定相同

参数。

⑥ 故障检测。

⑦ 系统状态　中央控制器宜可监视及控制每一台室外机和室内机的实际运行状态。

⑧ 耗电量统计，实现自动计费功能。

（11）送、排风系统的风机及各级空气过滤器宜设压差监测和故障报警装置。

7.3 供暖系统

7.3.1　严寒或寒冷地区新建、扩建内镜中心时，宜设集中供暖系统，供暖方式宜采用散热器供暖。

7.3.2　采用散热器供暖时，散热器应便于清洗消毒，灭菌内镜诊疗室及洁净手术室宜采用板式或光管式等不易积尘的散热器，且应采用防护、防尘措施。

7.3.3　室内供暖设计温度可按表7-3的规定选取。

7.3.4　供暖系统应设置室温调控装置。

表7-3　室内供暖设计温度

房间名称	设计温度/℃
诊疗室	22
候诊室	20
麻醉复苏室	20
清洗消毒存放区	18
办公	20

7.4 暖通系统节能

7.4.1 采用集中式空调系统冷热源应设有适应建筑物负荷变化的自动控制措施。当冷源系统采用多台冷水机组和水泵时，应设置台数控制。锅炉房和换热机房应设置供热量自动控制装置。

7.4.2 空调供暖系统应设置自动室温调控装置；每个房间的温度应能独立调节。

7.4.3 锅炉房、换热机房和制冷机房的能量计量对象应至少包含燃料的消耗量、耗电量、集中供热系统的供热量、集中供冷系统的供冷量及补水量。

7.4.4 严寒和寒冷地区采用集中新风的空调系统时，除排风含有毒有害高污染成分的情况外，当系统设计最小总新风量大于或等于40000m^3/h时，应设置集中排风能量热回收装置。

7.4.5 除温湿度波动范围要求严格的空调区外，在同一个全空气空调系统中，不应有同时加热和冷却过程。

7.4.6 不应采用电直接加热设备作为空调供暖热源，鼓励用空气源热泵及地源热泵作为空调供暖系统的冷热源，仅当满足下列条件时可采用电直接加热设备作为空调供暖热源。

7.4.6.1 无城市或区域集中供热，采用燃气、煤、油等燃料受到环保或消防限制，且无法利用热泵供暖的建筑。

7.4.6.2 利用可再生能源发电，其发电量能满足自身电加热用电量需求的建筑。

7.4.6.3 以供冷为主、供暖负荷非常小，且无法利用热泵或其他方式提供供暖热源的建筑。

7.4.6.4 以供冷为主、供暖负荷小，无法利用热泵或其他方式提供供暖热源，但可以利用低谷电进行蓄热且电锅炉不在用电高峰和平段时间启用的空调系统。

7.4.6.5 室内或工作区的温度控制精度小于0.5℃，或相对湿度控制精度小于5%的工艺空调系统。

7.4.6.6 电力供应充足，且当地电力政策鼓励用电供暖时。

7.4.7 不应采用电直接加热设备作为空气加湿热源，仅当满足下列条件时可采用电直接加热设备作为空气加湿热源。

7.4.7.1 冬季无加湿用蒸汽源，且冬季室内相对湿度控制精度要求高的建筑。

7.4.7.2 利用可再生能源发电，且其发电量能满足自身加湿用电量需求的建筑。

7.4.7.3 电力供应充足，且电力需求侧管理鼓励用电时。

7.4.8 空调系统冷源性能系数（COP）、综合部分负荷性能系数（IPLV），多联机空调系统全年性能系数（APF）、IPLV（C），多联式空调（热泵）机组IPLV、APF，单元式空调机组的APF、制冷季节性能比（SEER）、IPLV，房间空调器的APF、SEER值应符合《建筑节能与可再生能源利用通用规范》（GB 55015—2021）第3.2.9至3.2.14条的要求。

7.4.9 空调通风及供暖系统的风机、水泵应采用高效率的设备，风机和水泵选型时，风机效率不应低于现行国家标准《通风机能效限定值及能效等级》（GB 19761—2020）规定的通风机能效等级的2级。循环水泵效率不应低于现行国家标准《清水离心泵能效限定值及节能评价值》（GB 19762—2007）规定的节能评价值。

7.4.10 全空气空调系统应采取可调新风比的措施，可运行的最大新风比宜达到70%。

7.4.11　通风系统单位风量耗功率不大于0.27W/(m³·h)，空调新风系统单位风量耗功率不大于0.24W/(m³·h)，空调全空气系统单位风量耗功率不大于0.3W/(m³·h)。

7.4.12　集中式冷热源宜采用大温差空调水系统，夏季空调供回水温差宜不小于6℃，冬季采用燃气锅炉或城市热网供热的空调系统供回水温差宜不小于12℃。

7.4.13　宜采用变频技术，对空调冷水循环泵及功率大于7.5kW的空调风机等耗能大的机电设备变频控制，降低空调系统能耗。

7.4.14　宜合理控制风管及水管介质流速，减少介质输送能耗。

7.4.15　空调通风系统均应设有完备的自动控制系统，实现空调系统的智能化运行，可靠、节能；均能实现独立启停及温度调节。

7.4.16　空调风管及冷媒管均采取合理的保温隔热措施，空调风管绝热层最小热阻不小于0.81m²·K/W。

7.4.17　空调冷（热）水系统循环水泵的耗电输冷（热）比［EC（H）R］满足《公共建筑节能设计标准》（GB 50189—2015）要求。

7.4.18　过滤装置在满足过滤效率的前提下，应优先选用低阻力的过滤器或过滤装置。

7.5　暖通防火及防排烟

7.5.1　通风、空气调节系统的风管在下列部位应设置公称动作温度为70℃的防火阀：a.穿越防火分区处；b.穿越通风、空气调节机房的房间隔墙和楼板处；c.穿越重要或火灾危险性大的场所的房间隔墙和楼板处；d.穿越防火分隔处的变形缝两侧；e.竖向风管与每层水平风管交界处的水平管段上；f.穿越防火墙及防火隔墙处。

7.5.2 排烟管道在下列部位应设置排烟防火阀：a.垂直风管与每层水平风管交接处的水平管段上；b.一个排烟系统负担多个防烟分区的排烟支管上；c.排烟风机入口处；d.穿越防火分区处；e.穿越防火墙及防火隔墙处。

7.5.3 建筑内空调通风及供暖管道应采用不燃材料制作。

7.5.4 设备和风管的绝热材料、用于加湿器的加湿材料、消声材料及其黏结剂，应采用不燃或难燃材料。

7.5.5 供暖通风与空调系统、防排烟系统的管道及建筑内的其他管道，在穿越防火隔墙、楼板和防火墙处的孔隙应采用防火封堵材料封堵。风管穿过防火隔墙、楼板和防火墙时，穿越处风管上的防火阀、排烟防火阀两侧各2.0m范围内的风管应采用防火风管或风管外壁应采取防火保护措施，且耐火极限不应低于该防火分隔体的耐火极限。

7.5.6 无论采用“钢板+防火板包覆”的防火风管，还是采用成品防火风管，其管道整体耐火极限应满足国家标准GB/T 17428针对通风排烟管道不同时间的耐火极限检测的要求。

7.5.7 内镜中心防排烟系统设计应符合《建筑设计防火规范》（GB 50016—2022）及《建筑防烟排烟系统技术标准》（GB 51251—2017）的要求。

8

电气设计

8.1 供配电设计

8.1.1 供配电系统应根据医用电气设备工作场所的分类进行设计。配电电压均应采用220/380V。

8.1.2 内镜检查室的诊疗设备及照明用电应按一级负荷供电，采用两路电源供电。

8.1.3 有生命支持电气设备的洁净手术室必须设置应急电源。自动恢复供电时间应符合下列要求：

（1）生命支持电气设备应能实现在线切换。

（2）非治疗场所和设备应小于等于15s。

（3）应急电源工作时间不应小于30min。

8.1.4 在洁净手术室内，用于维持生命和其他位于“患者区域”内的医疗电气设备和系统的供电回路应使用医用IT系统。医用IT系统插座应有固定、明显的标志。1类和2类医疗场所，应根据可能产生的故障电流特性选择A型或B型剩余电流保护器。

8.1.5 在洁净手术室内非生命支持系统可采用TN-S系统回路，并宜采用最大剩余动作电流不超过30mA的剩余电流动作保护器（RCD）作为自动切断电源的措施。

8.1.6 内镜检查室宜采用多功能医用线槽布置各种插座、接地端子等电气设备。

8.1.7 为简化配电系统，方便日常维护管理，内镜中心可设置一个双路供电的配电总箱，在总箱下分别设置照明配电分箱、插座配电分箱、清洗消毒配电分箱、纯水机房配电分箱等。对于大型医疗设备，如ERCP等从变配电室采用专用回路供电。

8.1.8 内镜中心应根据房间功能布局设置满足功能需要的插座或出线，并预留一定的备用。内镜中心一般主要分区有患者及家属等候区、麻醉复苏区、内镜诊疗区、医护办公及辅助存储区、内镜清洗消毒存放区、污物污洗区、附属用房区。

8.1.8.1 患者及家属等候区配电

患者及家属等候区配电主要有预约登记处的配电、候诊区的配电、卫生间的配电等。在预约登记处每个工作台上设置不少于3个单相二三孔安全型插座；在候诊区应考虑设置叫号显示屏插座、信息发布插座、自助报到机插座等。卫生间应考虑设置洗手盆、小便斗红外感应插座或出线，洗手台附近考虑设置烘手器插座。

8.1.8.2 麻醉复苏区配电

麻醉复苏区需在每个床位上方设置医疗带，医疗带上插座不少于4个，并设置一个接地端子。床下宜考虑设置电动床插座，床旁设一普通插座，并在房间内适当位置考虑部分预留。插座宜按使用功能划分回路，医疗插座和普通插座分回路供电。推拉门处应与建筑专业沟通，是否考虑预留电动门插座。

8.1.8.3 内镜诊疗区配电

内镜诊疗区在每个诊疗床附近设置一个医疗带，医疗带上插座不少于4个，并设置一个接地端子。工作台上设置不少于5个单相二三孔安全型插座。诊疗室门口设置诊室显示屏插座或预留电源。推拉门处应与建筑专业沟通，是否考虑预留电动门插座。洗手盆处预留红外感应插座或出线。并在每个诊疗室内预留2～3个备用插座。插座宜按使用功能划分回路，医疗插座和普通插座分回路供电。

8.1.8.4 医护办公及辅助存储区配电

主要包括医护办公室、阅片室、档案室/资料室、示教/会议室、医护更衣室、淋浴室、卫生间、耗材库（设备）、休息室等功能用房的配电。医护办公室每个工位设置不少于5个单相二三孔安全型插座；阅片室应考虑设置观片灯插座；示教/会议室考虑设置示教/会议显示屏插座，会议桌上预留插座电源，其他墙面上预留1～2个插座。其他房间根据需要设置插座。插座宜按使用功能划分回路。

8.1.8.5 内镜清洗消毒存放区配电

主要包括内镜清洗区、内镜存放区配电。清洗区主要用电设备包括全自动内镜清洗消毒机器、附件清洗用的超声清洗机器、测漏装置、干燥装置等。一般设备所需电源均为单相220V，在墙上或功能带上距地1.2米高预留单相二三孔安全型防水插座，每个工艺流程旁设置1～2个插座。内镜存放区主要用电设备包括内镜干燥储镜柜等，可配置单相二三孔安全型插座。

8.1.8.6 污物污洗区、附属用房配电

污物污洗区一般预留1～2个单相二三孔安全型防水插座，附属用房中的水处理间应考虑纯水设备的配电，一般单独预留一个配电箱为纯水设备供电。汇流排间应考虑汇流排控制柜的配电，一般单独预留一个配电箱为汇流排控制柜供电。

8.1.8.7 内镜中心的各功能区的配电除上述提到的一些基本要求外，还应与智能化专业、精装修专业等密切配合，为其所需设备提供电源。

8.2 照明设计

8.2.1 照明设计应符合现行国家标准《建筑照明设计标准》（GB 50034—2023）和《建筑节能与可再生能源利用通用规范》（GB 55015—2021）的有关规定，且应满足绿色节能要求。

8.2.2 照明设计应根据场所功能、视觉要求和建筑的空间特点，合理选择光源、灯具，确定适宜的照明方案，构建舒适的光环境。

8.2.3 一般照明照度均匀度不应低于0.7，色温宜为3300～5300K，诊

室、检查室、手术室和病房宜采用高显色光源，且手术室光源显色指数（Ra）不应小于90，其他场所的光源显色指数（Ra）不应小于80。

8.2.4 照明应避免直接眩光对患者和有精细视觉医疗作业者的干扰。候诊区、等候区的统一眩光值（UGR）不应大于22，其他诊疗场所统一眩光值（UGR）不应大于19。

8.2.5 需要设置紫外线灯的场所根据《医院消毒卫生标准》(GB 15982—2012)：按Ⅰ、Ⅱ、Ⅲ、Ⅳ四类环境对室内空气消毒。

Ⅰ类环境：采用空气洁净技术的诊疗场所，分洁净手术部及其他洁净场所。

Ⅱ类环境：非洁净手术部（室），产房，导管室，血液病病区、烧伤病区等保护性隔离病区，重症监护区，新生儿室等。

Ⅲ类环境：母婴同室，消毒供应中心的检查包装灭菌区和无菌物品存放区，血液透析中心（室），其他普通住院病区等。

Ⅳ类环境：普通门（急）诊及其检查、治疗室，感染性疾病科门诊和病区。

以上四类场所如果暖通专业已经考虑了净化，电气设计将不再设紫外线灯。紫外线灯悬挂式照射时，灯管吊装高度距离地面1.8～2.2m。安装紫外线灯的数量为平均≥1.5W/m^3。紫外线灯开关独立设置，具有明显标志。内镜中心的污物间、污洗间等房间设置固定式紫外线消毒灯，内镜清洗与消毒室等其他需要消毒的区域根据实际需要，可采用紫外线消毒灯或移动式消毒车消毒。在需消毒的公共区域及各房间需要预留电源移动式消毒车插座。

8.2.6 照明应选用LED等节能型光源，在保证照明质量的前提下，应控制照明功率密度值。选用同类光源的色容差不应大于5SDCM。当选用LED光源时，其色度应满足下列要求。

（1）长期工作或停留的房间或场所，色温不宜高于4000K，特殊显色指数R9应大于零。

（2）在寿命期内发光二极管灯的色品坐标与初始值的偏差在国家标准《均匀色空间和色差公式》（GB/T 7921—2008）规定的CIE 1976均匀色度标尺图中，不应超过0.007。

（3）发光二极管灯具在不同方向上的色品坐标与其加权平均值偏差在国家标准《均匀色空间和色差公式》（GB/T 7921—2008）规定的CIE 1976均匀色度标尺图中，不应超过0.004。

8.2.7 当选用LED平面灯具时，均匀发光灯具的表面平均亮度不应大于16000cd/m^2，发光点阵灯具的表面平均亮度不应大于3000cd/m^2。

8.2.8 诊室、治疗室、医患走廊、手术室、术后恢复等需要患者就医躺着的场所，选用漫反射型高显色性灯具，减少眩光而且满足医疗环境的视觉要求。各场所选用光源和灯具的闪变指数（PstLM）不应大于1。长时间工作或停留的场所应选用无危险类（RG0）或1类危险（RG1）灯具或满足灯具标记的视看距离要求的2类危险（RG2）的灯具。

8.2.9 公共场所的照明开关宜设置在候诊服务台等处集中控制，可采用智能照明控制系统或建筑设备监控系统等方式，根据自然采光和使用情况分组、分区控制。诊室、办公室等场所采用就地开关控制。

8.3 线路选型及敷设

8.3.1 电线电缆的选型宜采用低烟无卤型铜芯线缆。消防负荷的配电线路或电缆的选型和敷设，还应符合现行国家标准《建筑设计防火规范》（GB 50016—2014）的有关规定。

8.3.2 电气线路敷设应根据线路路径的电磁环境特点、线路性质和重要程度，分别采取有效的防护、屏蔽或隔离措施。对于需进行射线防护的房间，其供电、通信的电缆沟或电气管线严禁造成射线泄漏；其他电气管线不得进入和穿过射线防护房间。与2类医疗场所无关的电气线路，不应穿越2类医疗场所。

8.3.3 2类医疗场所局部IT系统的配电线缆宜采用塑料管敷设，有利于降低医疗场所局部IT系统的容性漏电。

8.3.4 所有回路均按回路单独穿管，不同支路不应共管敷设。各回路N/PE线均从箱内引出，PE线必须用绿/黄线标示。管线穿越潮湿场所或在素土内敷设时，应做好防锈蚀密闭处理；管路在穿越防火墙、楼板、防火分区处，线路敷设完毕需做防火封堵；所有穿过建筑物伸缩缝、沉降缝、后浇带的管线应按国家及地方标准图有关做法施工。

8.3.5 洁净区配电管线应采用金属管敷设。穿过墙和楼板电线管应加套管，并应用不燃材料密封。进入洁净区内的电线管管口不得有毛刺，电线管在穿线后应采用无腐蚀和不燃材料密封。

8.3.6 医用气体管道与电气管道平行距离应大于0.5m，交叉距离应大于0.3m，如空间无法保证，应做绝缘防护处理。

8.4 防雷、接地及安全防护

8.4.1 建筑的防雷设计应按现行国家标准《建筑物防雷设计规范》（GB 50057—2010）和《建筑物电子信息系统防雷技术规范》（GB 50343—2012）的有关规定执行。医疗建筑电子信息系统及医疗电子设备应设置雷击电磁脉冲防护，且防护等级应符合现行国家标准《建筑物电子信息系统防雷技术规范》(GB 50343—2012)的规定。医疗建筑内医疗电子设备的安装位置宜远离建筑物外墙及防雷引下线。

8.4.2 建筑应采用防雷接地、保护性接地、功能性接地、共用接地系统。用电设备的配电箱应根据配电级数、配电箱所处位置及接地系统的要求设置不同类型的浪涌保护器。

8.4.3 低压配电系统的接地形式，除2类医疗场所应采用医用IT系统外，可采用TN-S、TN-C-S或TT系统，严禁采用TN-C接地系统。医疗场所内由局部IT系统供电的设备金属外壳接地应与TN-S系统共用接地装置。

8.4.4 建筑应采取总等电位联结措施。手术室、抢救室、检查治疗室、淋浴间或有洗浴功能的卫生间等，应采取辅助（局部)等电位联结。医用局部等电位母排应安装在医疗场所的附近，且应靠近配电箱，联结应明显，并可独立断开。

8.4.5 在1类及2类医疗场所的患者区域内，应做局部等电位联结，并应将下列设备及导体进行等电位联结:

（1）PE线。

（2）外露可导电部分。

（3）安装了抗电磁干扰场的屏蔽物。

（4）防静电地板下的金属物。

（5）隔离变压器的金属屏蔽层。

（6）除设备要求与地绝缘外，固定安装的、可导电的非电气装置的患者支撑物。

8.4.6 在2类医疗场所内，电源插座的保护导体端子、固定设备的保护导体端子或任何外界可导电部分与等电位联结母线之间的导体的电阻（包括接头的电阻在内）不应超过0.2Ω。

8.4.7 采用人工接地体时，应采取有效的防腐措施。医疗场所内的医疗电子设备应根据设备易受干扰的频率，选择S型、M型或SM混合型等电位联结形式。

8.4.8 当1类和2类医疗场所使用安全特低电压时，标称供电电压不应超过交流25V和无纹波直流60V，并应采取对带电部分加以绝缘的保护措施。

8.4.9 1类和2类医疗场所应设置防止接地故障（间接接触）电击的自动切断电源的保护装置，并应符合下列规定：

（1）IT、TN、TT系统的约定接触电压限值不应超过25V。

（2）TN系统的最大切断时间，230V应为0.2s，400V应为0.05s。

8.4.10 在2类医疗场所区域内（如手术室），TN系统仅可在下列回路中采用不超过30mA的额定剩余电流，并具有过流保护的剩余电流动作保护器（RCD），且剩余电流动作保护器应采用电磁式。

（1）手术台驱动机构供电回路。

（2）X射线设备供电回路。

（3）额定功率大于5kVA的设备供电回路。

（4）非生命支持系统的电气设备供电回路。

8.4.11 在1类医疗场所区域内采用TN系统供电时，在额定电流不大于32A的终端回路，如需要采用剩余电流动作保护器时，应采用最大剩余动作电流为30mA的剩余电流动作保护器。

8.4.12 在2类医疗场所区域内（如手术室），其电气装置和供电回路均应采用医用IT系统。当采用医用IT系统时，应符合下列要求：

（1）多个功能相同的床位，应至少设置一个独立的医用IT系统。

（2）医用IT系统必须配置绝缘监视器，并应符合下列要求：

① 交流内阻应大于或等于100kΩ。

② 测试电压不应大于直流25V。

③ 在任何故障条件下，测试电流峰值不应大于1mA。

④ 当电阻减少到50kΩ时应发出信号，并备有试验设施。

（3）每一个医用IT系统，应设置显示工作状态的信号灯和声光警报装置。声光警报装置应安装在便于永久性监视的场所。

（4）隔离变压器应设置过负荷和高温的监控。

8.4.13 在1类和2类医疗场所的“患者区域”内应设置辅助（局部）等电位联结母排，并应通过等电位连线将保护导体、外部可导电部分、抗电磁干扰屏蔽物、导电底板网络、隔离变压器的金属屏蔽层与等电位母排联结。

8.4.14 抢救室应采用防静电地面，其表面电阻或体积电阻应在 $1.0\times10^{4}\Omega \sim 1.0\times10^{9}\Omega$ 之间。

8.4.15 应减少内镜检查室医疗设备运行中的电磁干扰，选址时尽量避开电磁干扰源。医疗场所内的无线传输设备应进行电磁兼容专项设计，该部分的设计工作应由专业部门负责设计。

8.4.16 医疗建筑供配电设计应进行谐波防治，当建筑物的谐波强度及其分布状况难以预计时，宜预留谐波防治装置的安装空间。谐波抑制主要措施有如下几个方面:

（1）选用D，ynll变压器，以滤除3次谐波。

（2）在易产生谐波和对谐波骚扰敏感的医疗设备处或为监护医疗单元供电干线末端设置有源滤波装置。

（3）配电系统中的谐波源设备，若设有适当的滤波装置，相应回路的中性线宜与相线等截面，否则中性线截面的选择应考虑谐波电流的影响。

（4）当三相UPS、EPS电源输出端接地形式采用TN-S系统时，其输出端中性线应就近直接接地，且输出端中性线与电源端中性线不应就近直接相连。

9

医用气体设计

9.1 一般规定

9.1.1 内镜中心的主要分科

医疗内镜中心主要包含消化内镜中心、呼吸内镜中心、泌尿内镜中心、耳鼻喉内镜中心、妇科内镜中心。

9.1.2 医用气体系统的构成

医用气体系统应分为管道输送系统及使用终端。

9.2 医用气体管道系统设计

9.2.1 内镜中心医用气体的设置及要求

9.2.1.1 内镜中心应设置氧气、真空吸引系统，可根据需要设置压缩空气、二氧化碳系统，气源应满足终端处气体参数要求。

9.2.1.2 氧气、真空吸引、压缩空气由医疗机构的气源站负责供应，二氧化碳由单设的汇流排间供应。

医用氧气：维持患者生命的最基本物质，用于医疗救护和治疗。

医用空气：经压缩、净化、限定了污染物浓度的空气，供呼吸机能源气体等。

医用真空：为排出患者体液、污物和治疗用液体时使用的医疗用途真空。

医用二氧化碳气体：一般用于腹腔镜手术或与其他气体混合用于医疗用途。给腹腔和结肠充气以便进行腹腔镜检查和纤维结肠镜检查。主要用于妇科、泌尿外科、普外科、胃肠手术等。

9.2.2 气体配管系统

9.2.2.1 医用气体管道应选用无缝铜管或不锈钢管，医用气体管道的设计使用年限不应小于30年，管道、阀门和仪表附件安装前应进行脱脂。

9.2.2.2 医用气体用无缝铜管材料与规格，应当符合现行行业标准《医用气体和真空用无缝铜管》（YS/T 650—2020）的有关规定。输送医用气体用无缝不锈钢管除应符合现行国家标准《流体输送用不锈钢无缝管》（GB/T 14976—2012）的有关规定，还应当符合《医用气体工程技术规范》（GB 50751—2012）相关规定。

9.2.2.3 医用气体管道穿墙体、楼板以及建筑物基础时，应设套管。穿楼板的套管应高出地板面至少50mm。且套管内医用气体管道不得有焊缝，套管与医用气体管道之间应采用不燃材料填实。

9.2.2.4 汇流排间尽量靠近外墙，有相应排风设置。靠近电梯便于今后更换瓶组检修。根据医疗需求及医用二氧化碳的供应情况设置气体的供应源，并宜设置满足一周及以上，且至少不低于3d的用气量或储备量。气体汇流排供应源的医用气瓶宜设置为数量相同的两组，并应能自动切换使用，每组均应满足最大用气流量。汇流排与医用气体钢瓶的连接应采取防错接措施，气体供应源过滤器应安装在减压装置之前，过滤精度应为100μm。医用气体汇流排在电力中断或控制电路故障时，应能持续供气。医用二氧化碳气体供应源汇流排，不得出现气体供应结冰情况。医用二氧化碳气体供应源，应设置排气放散管，且应引至室外安全处。

9.2.2.5 医疗房间内的医用气体管道应做等电位接地；医用气体的汇流排、切换装置、各减压出口安全放散口和输送管道，均应做防静电接地；医用气体管道接地间距不应超过80m，且不应少于一处；除采用等电位接地外宜为独立接地，其接地电阻不应大于10Ω。

9.2.2.6 医用气体输送管道的安装支架应采用不燃烧材料制作并经防腐处理，管道与支架接触处应作绝缘处理。

9.2.2.7 医用真空吸引管道坡度不得小于0.002，应坡向总管和缓冲罐。

9.2.2.8 医用氧气管道不应使用折皱弯头。

9.2.3 气体终端系统

医用气体终端在设备材料供应允许的情况下尽量规范统一，以免由于终端接口不统一造成的误插事故。医用气体的终端组件、低压软管组件和供应装置的安全性能，应符合现行行业标准《医用气体管道系统终端 第1部分：用于压缩医用气体和真空的》（YY 0801.1—2010）和《医用气体低压软管组件》（YY/T 0799—2010）的有关规定。

9.3 医用气体管道监测报警系统

9.3.1 报警装置的设置

在护士站和汇流排间需设医用气体供气欠压报警装置，当供气系统压力低于报警压力时，应有声、光同时报警，报警压力误差不大于3%，声、光报警要求在55dB（A）噪音环境下，在距1.5米范围内可以听到，光报警为红色指示灯。

9.3.2 医用气体系统的监测和集中报警

9.3.2.1 医用气体监测报警系统应设置气源、区域报警器和压力、流量监测，报警信号、压力及流量监测信号宜接至楼控系统或医用气体集中监测报警系统。

9.3.2.2　报警器应具有报警指示灯故障测试功能及断电恢复自启动功能，报警传感器回路断路时应能报警。

9.4　绿色、节能

9.4.1　机电设备应选用国家发改委等部委联合推荐的节能机电产品。

9.4.2　医疗气体管道井要保证必要的操作空间；主要通道和操作地点设置事故照明；供电系统设置检修用的低压照明；通道应无障碍物布置或堆放，并设有醒目的标记或牢固的扶梯和栏杆。

9.4.3　应减少气源站噪音对周围环境的影响，对机组需采取消音、隔震措施，机房内采取隔音措施，使之符合现行国家环境噪声规范。

9.4.4　医用气体系统在必要部位设置计量仪表。

9.5　管道的施工安装

9.5.1　所有压缩医用气体管材及附件均应严格进行脱脂。

9.5.2　无缝不锈钢管、管件和医用气体低压软管洁净度应达到内表面碳的残留量不超过20mg/m^2，并应无毒性残留。

9.5.3　医用气体管道焊接完成后应采取保护措施，防止脏物污染，并应保持到全系统调试完成。

9.5.4　医用气体管道现场焊接的洁净度检查应符合下列要求：

（1）现场接头焊缝抽检率0.5%，各系统焊缝抽检数量不应少于10条。

（2）抽样焊缝应沿纵向切开检查，管道焊缝内部应清洁、无氧化物、特殊化合物和其他杂质残留。

9.5.5 医用气体管道焊缝的无损检测应符合下列要求:

（1）低压医用气体管道应进行10%的射线照相检测，其质量不得低于Ⅲ级。

（2）焊缝射线照相合格率应为100%，每条焊缝补焊不应超过2次。当射线照相合格率低于80%时，除返修不合格焊缝外，还应按原射线照相比例增加检测。

9.5.6 管道压力试验和泄漏性试验:

（1）医用气体管道分段、分区以及全系统做压力试验和泄漏性试验。

（2）医用气体管道压力试验应符合下列要求:

① 低压医用气体管道、医用真空管道应做气压试验，试验介质采用洁净空气或干燥、无油的氮气。

② 低压医用气体管道试验压力应为管道设计压力的1.15倍，医用真空管道试验压力应为0.2MPa。

③ 医用气体管道压力试验应维持实验压力至少10min，管道应无泄漏、外观无变形为合格。

9.5.7 医用气体管道应进行24h泄漏性试验，并应符合国家标准《医用气体工程技术规范》（GB 50751—2012）中第10.2.19条相关规定。

9.5.8 医用气体管道在安装中断组件之前应使用干燥、无油的空气或氮气吹扫，在安装终端组件之后除真空管道之外应进行颗粒物检测，并应符合下列规定:

（1）吹扫或检测的压力不得超过设备和管道的设计压力，应从距离区域阀最近的终端插座开始直至该区域内最远的终端。

（2）吹扫效果验证或颗粒物检测时，应在150L/min流量下至少进行15s，并应使用含50μm孔径滤布、直径50mm的开口容器进行检测，不应有残余物。

9.5.9　医用气体各系统应分别进行防止管道交叉错接的检验及标识检查。

9.5.10　当医用氧气、医疗空气符合压力管道条件时，应按《压力管道规范-工业管道》（GB/T 20801—2006）执行。

9.5.11　各医用气体机房的安装和调试应符合现行国家标准《医用气体工程技术规范》（GB 50751—2012）中第10.3节的相关规定。

9.6　医用气体的供气压力、耗气量及氧气管道与其他管道的间距

9.6.1　各种医用气体的供气压力应符合表9-1的规定。

表9-1　各种医用气体的供气压力　　单位：MPa

医用气体名称	供气压力
氧气	0.40 ～ 0.45
真空吸引	–0.03 ～ –0.07
压缩空气	0.40 ～ 0.45
二氧化碳	0.35 ～ 0.40

9.6.2　各种医用气体单个终端的消耗量应符合表9-2的规定。

表9-2　各种医用气体单个终端的消耗量　　单位：L/min

项目	氧气	真空吸引	压缩空气	二氧化碳
内镜中心	6 ～ 10	30	20 ～ 60	6 ～ 10

9.6.3 氧气管与其他管线之间距离应符合表9-3的规定。

表9-3 氧气管与其他管线之间距离 单位：m

名称	平行净距	交叉净距
给排水管	0.25	0.10
热力管	0.25	0.10
燃气管、燃油管	0.50	0.25
绝缘导线或电缆	0.50	0.30

10

智能化及信息系统设计

10.1 一般规定

10.1.1 本次指南涉及的范围主要是建筑智能化及信息系统设计。

10.1.2 医疗内镜中心智能化系统设置应根据医院总体智能化架构及规划要求进行设计。

10.1.3 医疗内镜中心智能化系统设置应满足医院应用水平及管理模式要求，并具备可持续发展的条件，为内镜中心医患提供就医环境的技术保障和物业规范化运营管理。

10.1.4 医疗内镜中心智能化系统设置应满足《智能建筑设计标准》（GB/T 50314—2015）等智能化相关规范和标准的技术要求、《医疗建筑电气设计规范》（JGJ 312—2013）等医疗相关规范和标准的技术要求。

10.1.5 医疗内镜中心智能化系统设置除应满足上述要求外，还应充分满足医疗内镜中心的设备影像传输等特殊需求。

10.1.6 医疗内镜中心智能化系统设计应以建设低碳、节能、绿色、安全、高效、智慧医疗内镜中心为技术目标。

10.2 信息设施系统

10.2.1 通信接入及电话交换系统宜由医院统一设置。

10.2.2 信息网络系统应结合医院整体网络设置的情况确定，采用以太网或者全光网络。

10.2.3 医疗内镜中心排队叫号、远程医疗、设备影像传输应纳入医院内部专网。

10.2.4 医疗内镜中心推荐设置的信息设施系统包括布线系统、移动通信室内信号覆盖系统、无线对讲系统、卫星通信系统、有线电视系统、公共广播系统、会议系统、信息引导及发布系统、时钟系统。

10.2.4.1 布线系统设计应符合现行国家标准《综合布线系统工程设计规范》（GB 50311—2016）的有关规定，信息点布置应结合内镜中心的诊疗、办公及设备实际需求确定；对于数据量较大的影像设备，必要时建议采用光纤到桌面的布线形式；信息点应统一考虑医疗槽、医疗吊塔、移动设备等的布线需求。导管和电缆槽盒内配电电线的总截面积不应超过导管或电缆槽盒内截面面积的40%。

10.2.4.2 综合布线包含内网、外网（IP语音）、设备网点位。数据主干采用万兆主干，水平采用六类非屏蔽双绞线。

10.2.4.3 计算机网络系统内网、外网、设备网三套网，均采用核心-汇聚-接入的三层架构，其中内网和外网配置双核心双汇聚，采用双链路，满足万兆主干、千兆桌面；设备网采用单核心、单链路组网方式；内、外网两套无线网络，AP网络传输满足业务应用的各项需求；网络安全设备满足三级等保技术要求。

10.2.4.4 当设置移动通信室内信号覆盖系统时，应为此在楼宇内预留该系统的路由及设备安装空间。根据无线通信设备（主要是对讲机）的实时对讲系统，设置有数字中继台（大于400MHz）、分路器、合路器、室外全向高增益天线、室内全向天线、对讲机；也可采用4G或5G网络实现对讲系统。保障医院内部管理、物业使用和维护，以及保安、消防、紧急通信之要求等，使其内部管理、维护以及保安、消防人员之间方便、快捷地保持联系、通信。

10.2.4.5 当设置卫星通信系统时，应结合远程医疗需求，满足语音、数据、图像和多媒体等信息通信要求。

10.2.4.6　当设置有线电视系统时，应结合医院整体电视网络设置的情况确定，电视插座宜设置在医疗内镜科室休息候诊区、会议室等处。

10.2.4.7　医疗内镜中心处广播系统应综合考虑整体医院紧急广播和公共广播的系统形式，末端扬声器可设置一套，同时满足紧急广播和公共广播的需求。消防报警时应能自动切至紧急广播。以现场环境噪声为基准，紧急广播的信噪比应等于或大于12dB。

10.2.4.8　对大型（不少于280人）学术交流厅布置音频扩声系统、视频显示系统、数字会议系统、智能管控系统及远程会议系统；对中型（不少于180人）大会议室布置音频扩声系统、视频显示系统、数字会议系统、智能管控系统及远程会议系统；对小型会议室布置会议一体机。

10.2.4.9　当设置信息引导及发布系统时，宜在候诊区设置查询终端及显示屏。由显示终端及互动设备提供就医就诊引导和医疗信息相关多媒体视听服务；采用落地立式显控一体机，靠柱或靠墙安装壁挂液晶显示屏。

10.2.4.10　当设置时钟系统时，内镜中心的检查室、准备室宜设置子钟。为医院各区域提供统一的标准时间。采用GPS母钟、子钟组网，CAN总线传输。采用双面数字子钟。

10.3　信息化应用系统

10.3.1　医疗内镜中心信息化宜与医院整体信息化建设水平保持一致，应适应内镜中心医疗业务的信息化需求。

10.3.2　医疗内镜中心推荐设置的信息化应用系统包括智能卡应用系统、通用业务系统、候诊呼叫信号系统、远程医疗系统、内镜设备图像采集系统等，也可以采用内镜科室综合业务信息管理系统。

10.3.2.1　远程医疗中的视频示教系统接入院区内网。弱电控制间内设视频服务器，可以让医院内所有需要学习的医师通过示教教室、自己办公室的电视机或电脑观摩手术各个角度的全过程，进行实时教学，从而摆脱了传统示教模式在时间、空间和人数上的限制，同时提高了手术教务系统的安全系数，从而达到教学的效果。

部署原则：

（1）手术室内部署全景摄像机、术野摄像机、拾音器、无线耳麦、吸顶音箱等设备，用于采集手术室内图像、声音等信息提供给远程示教室。

（2）示教室部署手术示教客户端、投影仪、拾音器、吸顶音箱等设备，用于观看远程手术视频，可与远程手术室对讲。

10.3.2.2　候诊呼叫系统主要满足医院各个科室不同业务的排队叫号与信息宣教功能，优化患者就诊流程，对诊疗过程有序管理。

部署原则：

（1）候诊区部署一体机，用于分诊叫号，指引患者前往相应诊室进行候诊或就诊。

（2）诊室门口部署液晶一体机，显示当前检查室出诊专家信息、正在检查患者信息、等候患者信息。医师通过虚拟叫号器呼叫时，屏幕显示呼叫信息，同时语音播报。

（3）挂号、取药等窗口部署液晶一体机，显示叫号信息，指引患者到相应的窗口进行取药或业务办理，减少排队等候人群，改善医院就医环境。

10.3.2.3　智能卡应用系统包括一卡通管理中心、门禁管理子系统、考勤管理子系统、消费管理子系统等。

10.3.2.4　内镜报告系统工作站需支持采集图像、报告输入等功能，同时需配备可以采集内镜图像的装置（如脚踏等）。

10.3.2.5　当设置医疗物联网应用系统时，可将内镜中心医疗设备、人员等纳入物联网管理体系。依据《信息安全技术-网络安全等级保护基本要求》（GB/T 22239—2019）物联网安全等保三级要求。在当前物联网技术发展阶段，满足内镜中心不同物联网应用厂家下多标准共存的建设需求。无线物联网接入平台是当下满足多标准融合建设的可行技术方案，满足实验室对物联网适用性、安全性的要求。

物联网应用包括室内环境监测、人员定位管理、资产定位管理和设备能效管理、冷链管理等。

10.4 公共安全系统

10.4.1 公共安全系统应包括火灾自动报警及消防联动控制系统和安全技术防范系统，火灾自动报警系统的设计应符合《火灾自动报警系统设计规范》（GB 50016—2014）的有关规定，安全技术防范系统应符合《安全防范工程技术标准》（GB 50348—2018）以及《医院安全技术防范系统要求》（GB/T 31458—2015）等有关规定。

10.4.2 医疗内镜中心推荐设置的安全技术防范系统包括视频安防监控系统、入侵报警系统、出入口控制系统、电子巡查系统。系统形式结合医院整体设置确定。

10.4.2.1 医疗内镜中心公共区域均应纳入整体安防监控范围，检查区域等可根据需求设置医疗功能类监控，根据需要设置具备视频分析功能的摄像机，视频监控摄像机的探测灵敏度应与监控区域的环境最低照度相适应。

10.4.2.2 数字监控系统，所有摄像机采用高清网络摄像机，电梯轿厢内采用专用电梯摄像机连接入系统。部分区域采用人脸识别监控摄像机。集中方式存储，存储时间为不低于90天。多台存储服务器。监控中心电视墙配置若干台液晶拼接屏。

10.4.2.3 入侵报警主要设备包括报警主机、联动模块、防区模块及相关软件。

10.4.2.4　电子巡更点主要设置在主要通道、电梯前室、楼梯前室等。

10.4.2.5　在医疗内镜中心的收费终端、贵重药品等存放处设置入侵报警按钮或探测器。

10.4.2.6　在医疗内镜中心的入口、医患分区流线通道口部设置门禁控制装置，火灾报警时应通过消防系统强制开启口部门禁控制装置。

10.4.2.7　电子巡查点应设置在内镜中心的重要场所。

10.5　建筑设备管理系统

10.5.1　建筑设备管理系统包括建筑设备监控系统、建筑能效监管系统、医疗气体监测系统、联网型风机盘管控制系统等。对内窥镜中心内的机电设备采用计算机控制技术进行全面有效的监控和管理，提供一个安全、舒适、节能的工作环境。

10.5.2　建筑设备监控系统应建立信息数据库，并应具备根据需要形成记录的功能。建筑设备监控系统监测医疗内镜中心的配套空调、照明等设施。检测范围主要为空调系统、新风系统、送排风系统、智能照明、生活水、电梯等。检测内容为温湿度、压力压差、空气质量、水流、高低液位等。智能照明主要针对室内公共过道、公共区域的照明系统采用智能控制手段，进行管理、控制。智能照明系统主要包含模块、移动探测器、通信模块等。

10.5.3　建筑能效监管系统主要监测医疗内镜中心的水表、冷热表、电表等，对各类能耗进行远程计量、分析，对重点能耗设备进行重点计量，实时掌握用能的能耗情况。水、电、冷热量的能耗计量。

10.5.4 医疗气体监测系统主要负责内镜中心的氧气、压缩空气、真空吸引、CO_2等的流量监测及报警。

10.6 网络安全及主要网络设备参数

10.6.1 内网安全部分采用双核心双防火墙，单路由出口至医保、卫健委等单位。

10.6.2 外网安全部分采用双核心双防火墙，单路由出口至互联网。

10.6.3 设备网安全部分采用单防火墙至管理部门的管理平台。

10.6.4 内网、外网、设备网三网之间布置两套网闸，保证网络安全隔离。

10.7 智能化集成系统

10.7.1 医疗内镜中心所需的智能化集成应用及接口与医院总体规划一致。

10.7.2 医疗内镜中心智能化集成应用包含信息设施系统、建筑设备管理系统、公共安全系统及信息化应用系统等。集成系统应实现对各智能化系统的统一监视和管理，并具备实现联动的控制要求。

10.7.3 智能化信息集成平台系统将作为本工程中智能化设备运行信息的交汇与处理的中心，对汇集的各类信息进行分析、处理和判断，采用最优化的控制手段，对各设备进行分布式监控和管理，使各子系统和设备始终处于有条不紊、协调一致的高效、经济状态下运行，最大限度地节省能耗和日常运行管理的各项费用，保证各系统能得到充分、高效、可靠的运行，并使各项投资能够给业主带来较高的回报率。

10.7.4 集中管理是对各子系统进行全局化的集中统一式监视和管理，将各集成子系统的信息统一存储、显示和管理在智能化集成统一平台上。准确、全面地反映各子系统运行状态，并能提供建筑关键场所的各子系统综合运行报告，提高突发事件的响应能力。

10.7.5 分散控制是各子系统进行分散式控制，保持各子系统的相对独立性。协调各控制系统的运行状态，科学地安排不同设备的运行时间，需要能够同时、实时获取不同控制系统的各种运行数据，同时、实时地对不同系统进行状态控制以分离故障、分散风险、便于管理。

10.7.6 系统联动是以各集成子系统的状态参数为基础，实现各子系统之间的相关联动。当盗警、火警、重要设备故障等发生后，系统要做相应的动作。

10.7.7 优化运行是在各集成子系统的良好运行基础之上，快速准确地满足用户需求以提高服务质量，增加设备节能控制、节假日设定、自动远程报警等功能；具备节能环保人性化的设置，通过集成将楼宇主要耗能设备进行智能化联动控制，实现节能环保。

10.7.8 可视化运营是基于建筑及设备BIM建模基础上进行三维可视化运营管理。

11

内镜及耗材储存与使用的智能化信息系统

11.1 内镜的储存与使用

11.1.1 内镜基础信息

11.1.1.1 用户管理　确定用户组名，即清洗人员组、护士组、医生组、技术员组等并赋予一个序号；每序号有用户账号、用户姓名、工号、射频识别（RFID）卡号。

11.1.1.2 内镜管理　按照内镜系统和内镜类型分组，例如消化系统中的胃镜、十二指肠镜、肠镜、超声内镜（环扫、扇扫）、小肠镜、超声探头、共聚焦探头、胆道镜、放大内镜等设立序号、内镜名称、供应商、钢印号、RFID卡号等。

11.1.1.3 内镜清洗工作站管理　工作站名称、内镜的出入库信息登记等。

11.1.1.4 内镜基本信息　设备名称、规格型号、购买日期、内镜出厂日期、使用效期、使用日期、报废日期等。

11.1.2 内镜使用

11.1.2.1 内镜使用清洗消毒流程：出库登记（护士打卡）、密闭转运、测漏（合格）、初洗、清洗液、漂洗、检测内镜清洁度（合格）、消毒（手工、内镜自动清洗机）、终末漂洗、干燥、备用，密闭转运至诊疗室使用或打卡入库。

11.1.2.2 患者使用内镜时流程：序号、患者信息（编号、姓名、检查号、检查诊室、检查时间、检查类型、检查结果），使用内镜打卡（内镜名称、内镜类型、清洗人员、清洗消毒开始和结束时间，同时内镜清洗消毒是否合格），患者姓名必须对应使用内镜、配合护士和诊疗医生等。诊疗结束，按《软式内镜清洗消毒技术规范》（WS 507—2022）相应要求应在床旁完成内镜预处理操作同时检查内镜外表面是否完好，内镜使用后（污染内镜）应放入专用密闭容器转运，内镜转运注意洁污通道。

11.1.2.3　内镜使用质量评估

（1）内镜外表面进行评估　内镜使用前后均要检查。

（2）内镜渗漏评估　应使用专用测漏仪进行测漏；测漏失败不得使用，按照内镜厂家说明书要求做好标记，妥善保管，交指定部门或返厂维护。

（3）内镜过程评估

① 清洗效果评　每一次批次内镜及其附件清洗消毒后及包装前应进行内镜外表面及管腔内清洗效果检测，可采用目视或使用清洗效果测试工具完成检测，监测方法及结果符合《医院消毒供应中心 第3部分：清洗消毒及灭菌效果监测标准》（WS 310.3—2016）。

② 消毒或灭菌效果评估　使用化学消毒剂进行内镜消毒或灭菌的，应每日按使用说明书进行浓度监测，消毒剂定期更换；定期进行使用中消毒剂染菌量监测，监测方法及结果符合《医院消毒卫生标准》（GB 15982—2012）要求。当怀疑感染与内镜及附件有关时，应由指定部门对相关内镜及附件进行无菌监测。

③ 应对每一次使用的设备记录消毒或灭菌周期及相关参数。其结果应符合《医院消毒供应中心清洗消毒及灭菌监测标准》（WS 310.3）。

11.1.2.4　消毒液使用记录

（1）消毒液监测　工作站名称、消毒槽名称、更换时间、更换人员、消毒液名称、消毒液浓度、登记等。

（2）消毒液更换　工作站名称、消毒槽名称、更换时间、更换人员、消毒液名称、消毒液使用量等。

（3）监测记录　工作站名称、消毒槽名称、更换时间、更换人员、消毒液名称、使用次数、监测次数、消毒液浓度（合格、不合格）、登记（打开摄像头-拍照-导入图片-保存）等。

（4）每批次消毒液监测　按厂家说明书。

（5）内镜消毒监测　序号、内镜名称、内镜类型、消毒液名称、消毒时间、消毒人员。

（6）消毒槽消毒监测　序号、消毒槽名称、消毒液名称、消毒时间、消毒人员。

11.1.2.5　内镜维修保养

（1）保养周期按厂家说明书或随机文件要求。

（2）维修登记　设备名称、规格型号、报修日期时间、保修人员、保修故障等。

（3）维修记录　设备名称、规格型号、报修日期时间、保修人员、保修故障、处理日期时间、处理结果、判断处理地点（现场、维修工厂）等。

11.1.3　内镜储存

11.1.3.1　内镜入库登记　序号、员工打卡、内镜打卡（内镜名称、钢印号、RFID卡号、清洗消毒日期时间）、储镜柜号、内镜储存位置、储存环境等。

11.1.3.2　内镜出库登记　序号、员工打卡、内镜打卡（内镜名称、钢印号、RFID卡号、储存时间、储存人员、储镜室、储镜柜、内镜储存位置）等。

11.1.3.3　库存记录　序号、内镜名称、钢印号、储存时间、储存人员、储镜室、储镜柜号、内镜储存位置、出库时间、出库人员等。

11.1.3.4　储存状态　序号、内镜类型、内镜名称、钢印号、内镜状态（待使用、库存、初始、正在清洗消毒）、储镜柜号、储镜室。

11.1.3.5　储存注意　内镜存储的区域应相对独立，灭菌内镜按灭菌物品及灭菌有效期的相关要求保存和使用。

11.1.4　统计查询

11.1.4.1　内镜清洗消毒记录。

11.1.4.2　工作量统计。

11.1.5 追溯

（1）患者追溯。

（2）内镜追溯。

（3）人员追溯。

11.2 耗材的储存与使用

11.2.1 基础信息

11.2.1.1 供应商信息 供应商名称、工厂名称、地址、联系人、联系电话等。

11.2.1.2 耗材信息 管理编号、产品名称、规格、单位、有效期（天）、预警时间（天）、入库价格（元）、出库价格（元）、供应商、使用次数与唯一标识等。

11.2.2 耗材储存

11.2.2.1 耗材入库 管理编号、物资名称、规格、单位、供应商、生产日期、失效日期、生产批号、唯一标识、数量、价格等。

11.2.2.2 耗材出库 序号、物资名称、规格、单位、供应商、生产日期、失效日期、生产批号、唯一标识、数量、价格等。

11.2.2.3 耗材库存盘点 出入库记录序号、物资名称、规格、单位、供应商、数量、价格和唯一标识等。

11.2.3 耗材使用

一次性耗材使用流程：使用人员扫码入库-耗材出库登记-患者使用收费扫码-扣耗材库存-盘库存。

11.2.4 统计查询

11.2.4.1 耗材库存查询 管理编号、物资名称、规格、单位、出库价格、供应商、库存等。

11.2.4.2 耗材使用量统计 盘出入库。

11.2.5 追溯

（1）患者追溯。

（2）耗材追溯。

（3）人员追溯。

12 内镜中心的组合模式与建设要求

12.1 内镜中心的组合建设模式

内镜中心的组合建设模式主要是根据医院的运行管理模式、学科发展需求等需要确定。根据不同需要，内镜中心可以分科分系统布置，也可以集中布置，有条件的医院宜建立集中的内镜诊疗中心。

广义的内镜中心也可以根据需要把通常在净化中心手术室进行操作的硬式内镜功能区域一起纳入内镜中心建设，在内镜中心自成一区，形成大内镜中心的模式，由于硬式内镜操作目前国内一般都在手术部统一管理，所以不在本指南的编制范围之内深入讨论。

12.1.1 分科分系统布置建设模式

根据对应诊疗系统的不同分别设置在不同的门诊科室，或以系统独立成区域建设相关的专科专属空间，如消化内镜中心、呼吸内镜中心等。分科设置的优点在于诊疗较为灵活。可以发挥强项科室的领头作用，成为某一地区乃至全国的重点科室。具体布置图详见内镜中心分科布置式图示说明（图12-1）。

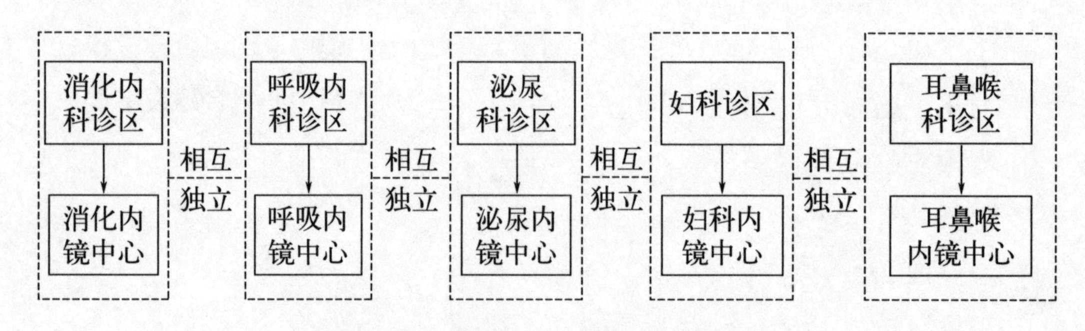

图12-1 内镜中心分科布置式图示说明

12.1.2 集中布置建设模式

集中布置建设模式是将消化系统、呼吸系统、泌尿系统、耳鼻喉系统以及妇科系统等软式内镜诊疗的空间按照几个系统或全部系统集中设置在一个独立区域，集中管理，资源共享。

集中布置的内镜中心优点在于可以整合医院现有资源，做到统一管理和统一安排，有利于设备的管理和维护，规范内镜的清洗消毒灭菌的品质，同时对内镜中心空间功能的调整和今后的发展带来可能。具体布置图详见内镜中心集中布置式图示说明（图12-2）。

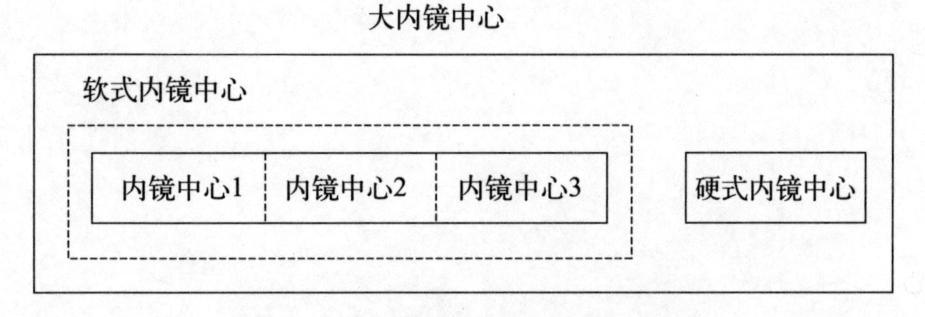

图12-2　内镜中心集中布置式图示说明

12.2　内镜中心组合建设的要求

12.2.1　平面布置可根据诊疗系统来合理布局，相近的诊疗系统（如消化、泌尿）可相对集中布局，存在感染传播风险的诊疗系统（如呼吸）需相对独立成区系统布置，宜布置在下风向或相对负压环境，避免交叉感染。

12.2.2　清洗消毒存放区根据不同诊疗系统分区分室设置，避免交叉干扰。

13

案例

13.1 某医院消化内镜中心

某三级甲等医院编制床位700床，内镜中心位于医技楼二层，主要为消化内镜中心，建筑面积为1173m^2。分为患者及家属等候区180m^2；术前准备及麻醉复苏区69m^2；内镜诊疗区497m^2；医护办公及辅助储存区257m^2；内镜清洗消毒存放区86m^2（胃镜、肠镜分别清洗消毒）；污物污洗区27m^2；附属用房区57m^2。内镜诊疗区主要包括内镜室3间（包括无痛胃镜室1间），肠镜室4间（包括无痛肠镜室1间），磁控胶囊内镜检查室1间，ERCP1间，超声内镜室1间。胃肠动力检测室1间。

医疗流线做到医患分流、洁污分流。患者通过患者通道进入诊疗间，医护人员通过医护通道进入诊疗间，污镜通过患者通道从各诊疗间进入内镜清洗消毒间，清洁的内镜通过医护通道从储镜间进入各诊疗间，污物通过污物通道进入污物收集间进行收集。具体参见消化内镜中心平面图（图13-1）、消化内镜中心功能分区图（图13-2）、消化内镜中心流线分析图（图13-3）。

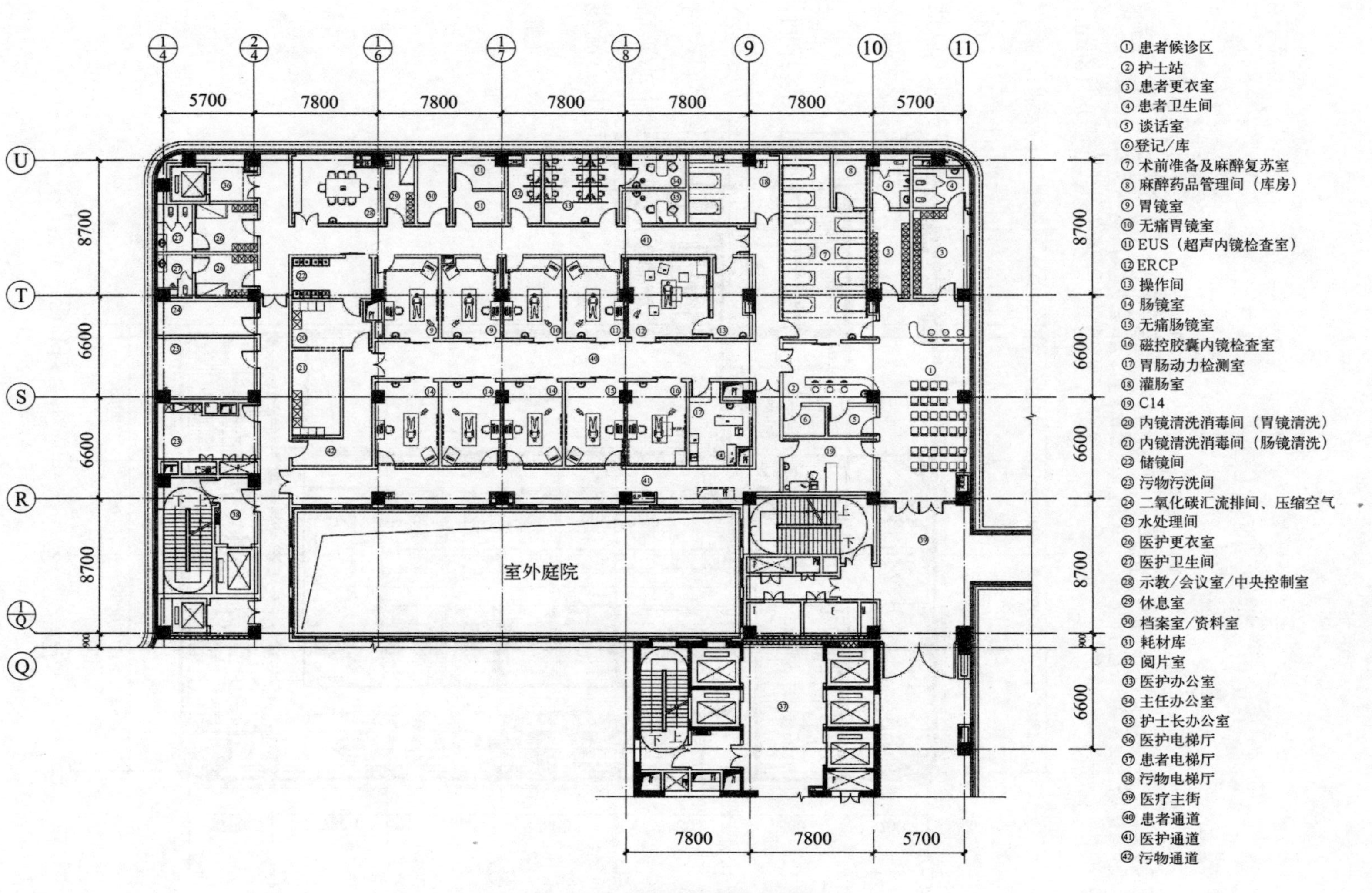

图13-1 消化内镜中心平面图

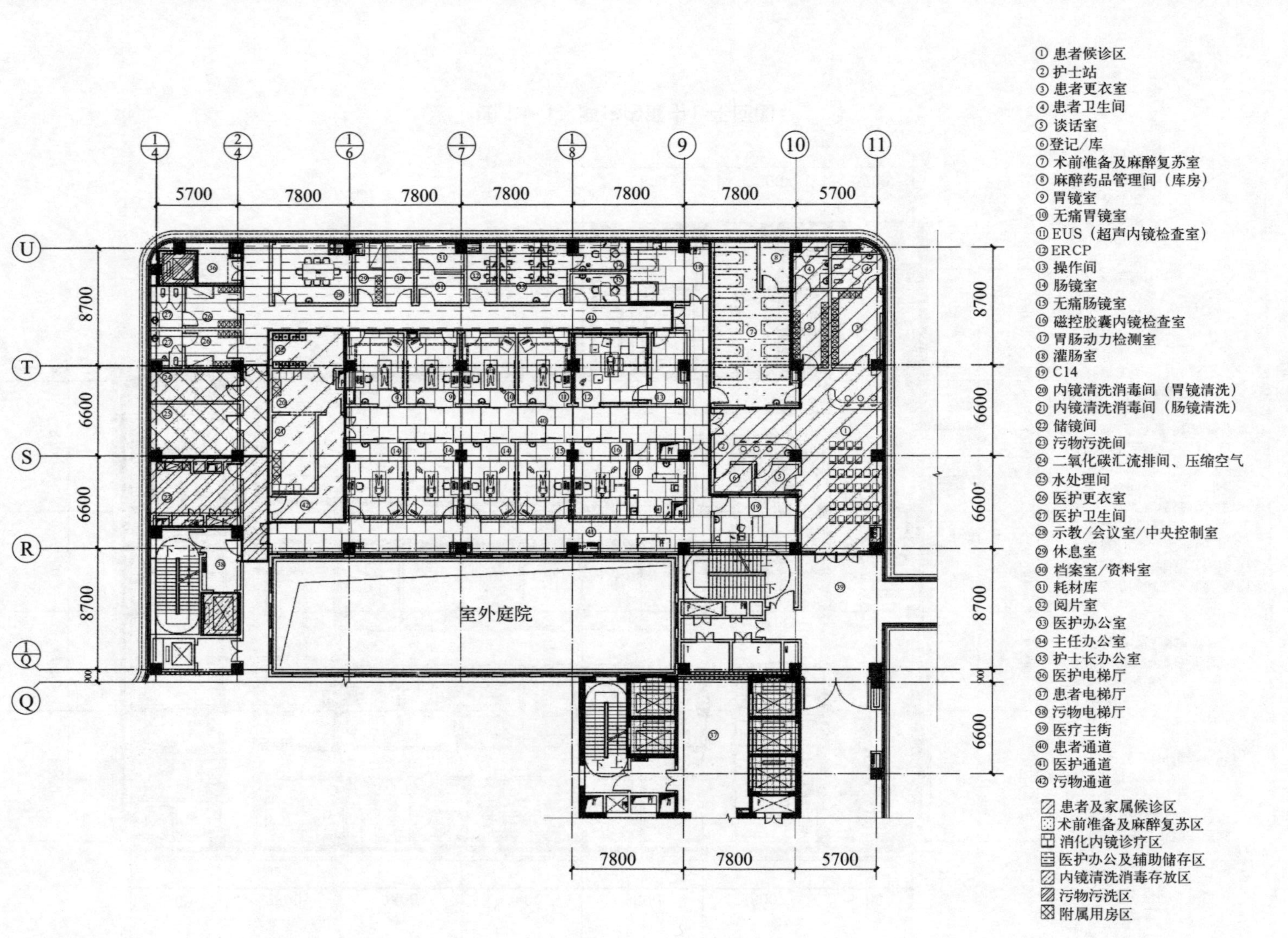

图13-2　消化内镜中心功能分区图

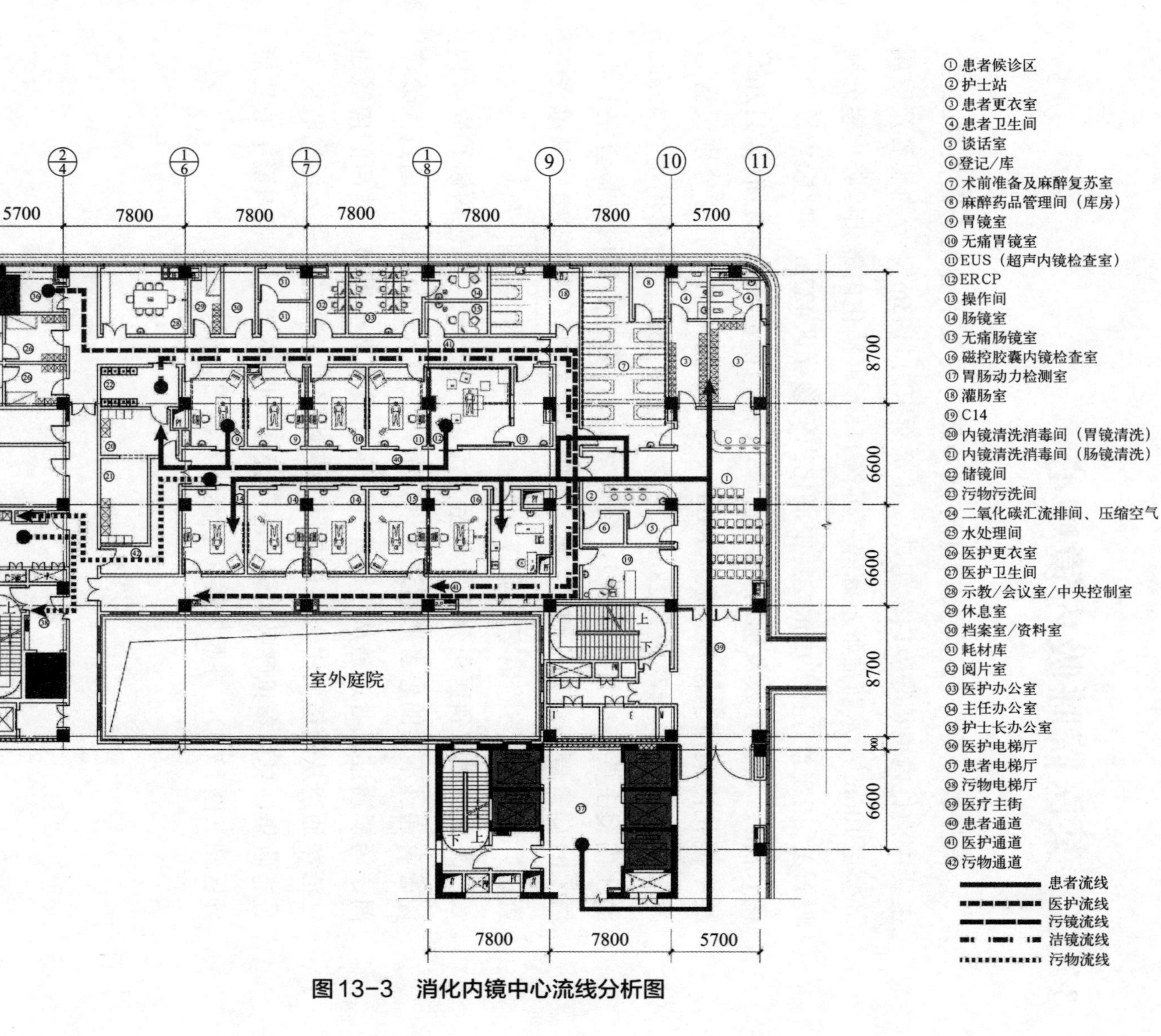

图13-3　消化内镜中心流线分析图

13.2 某医院呼吸内镜中心

某三级甲等综合医院编制床位800床，内镜中心位于医技楼二层，主要由消化内镜和呼吸内镜组成，建筑面积为1193m^2。分为患者及家属等候区106m^2；术前准备及麻醉复苏区118m^2（消化内镜和呼吸内镜分别设置）；内镜诊疗区595m^2，其中消化内镜诊疗区427m^2，呼吸内镜诊疗区168m^2；医护办公及辅助储存区195m^2；内镜清洗消毒存放区112m^2，其中消化内镜清洗消毒存放区84m^2（胃镜、肠镜清洗消毒分别设置），呼吸内镜清洗消毒存放区28m^2；污物污洗区25m^2；附属用房区42m^2。消化内镜主要包括胃镜室3间，肠镜室3间，磁控胶囊内镜检查室1间，ERCP1间，胃肠动力检测室1间；呼吸内镜主要包括纤支镜（纤维支气管镜）室2间，胸腔镜室1间。

医疗流线做到医患分流、洁污分流、患患分流。消化内镜和呼吸内镜患者通过不同的患者通道进入诊疗间，医护人员从医护通道进入诊疗间，污镜通过患者通道从各诊疗间进入内镜清洗消毒间，清洁的内镜通过洁净通道从储镜间进入各诊疗间，污物通过污物通道进入污物收集间进行收集。具体参见呼吸内镜中心平面图（图13-4）、呼吸内镜中心功能分区图（图13-5）、呼吸内镜中心流线分析图（图13-6）。

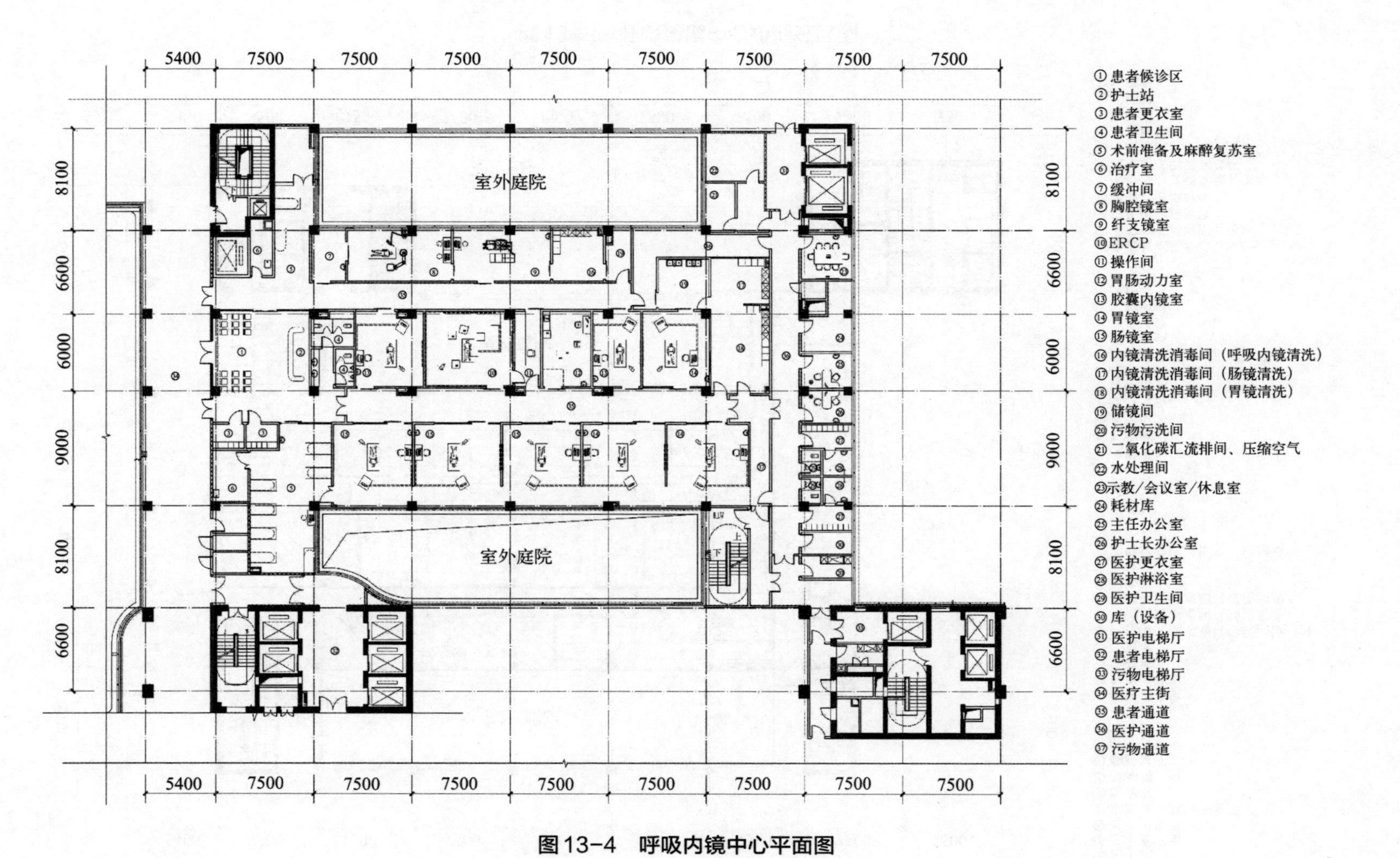

图13-4 呼吸内镜中心平面图

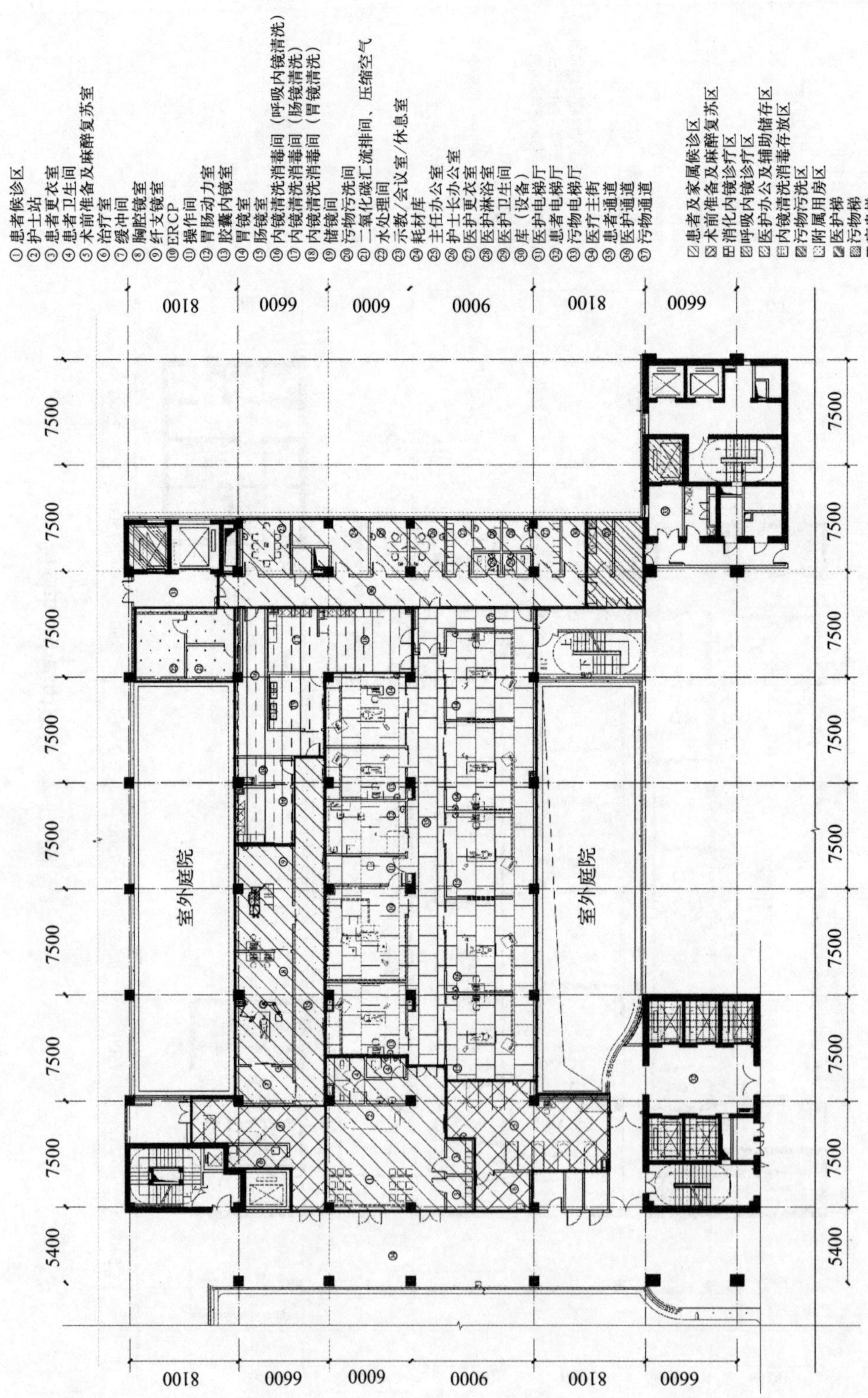

5400 7500 7500 7500 7500 7500 7500 7500 7500

8100 6600 6000 9000 8100 6600

室外庭院

室外庭院

① 患者候诊区
② 护士站
③ 患者更衣室
④ 患者卫生间
⑤ 术前准备及麻醉复苏室
⑥ 治疗室
⑦ 缓冲间
⑧ 胸腔镜室
⑨ 纤支镜室
⑩ ERCP
⑪ 操作间
⑫ 胃肠动力室
⑬ 胶囊内镜室
⑭ 胃镜室
⑮ 肠镜室
⑯ 内镜清洗消毒间（呼吸内镜清洗）
⑰ 内镜清洗消毒间（肠镜清洗）
⑱ 内镜清洗消毒间（胃镜清洗）
⑲ 储镜间
⑳ 污物污洗间
㉑ 二氧化碳汇流排间、压缩空气
㉒ 水处理间
㉓ 示教/会议室/休息室
㉔ 耗材库
㉕ 主任办公室
㉖ 护士长办公室
㉗ 医护更衣室
㉘ 医护淋浴室
㉙ 医护卫生间
㉚ 库（设备）
㉛ 医护电梯厅
㉜ 患者电梯厅
㉝ 污物电梯厅
㉞ 医疗主街
㉟ 患者通道
㊱ 医护通道
㊲ 污物通道

- 患者及家属候诊区
- 术前准备及麻醉复苏区
- 消化内镜诊疗区
- 呼吸内镜诊疗区
- 医护办公及辅助储存区
- 内镜清洗消毒存放区
- 污物污洗区
- 附属用房区
- 医护梯
- 污物梯
- 病患梯

图13-5 呼吸内镜中心功能分区图

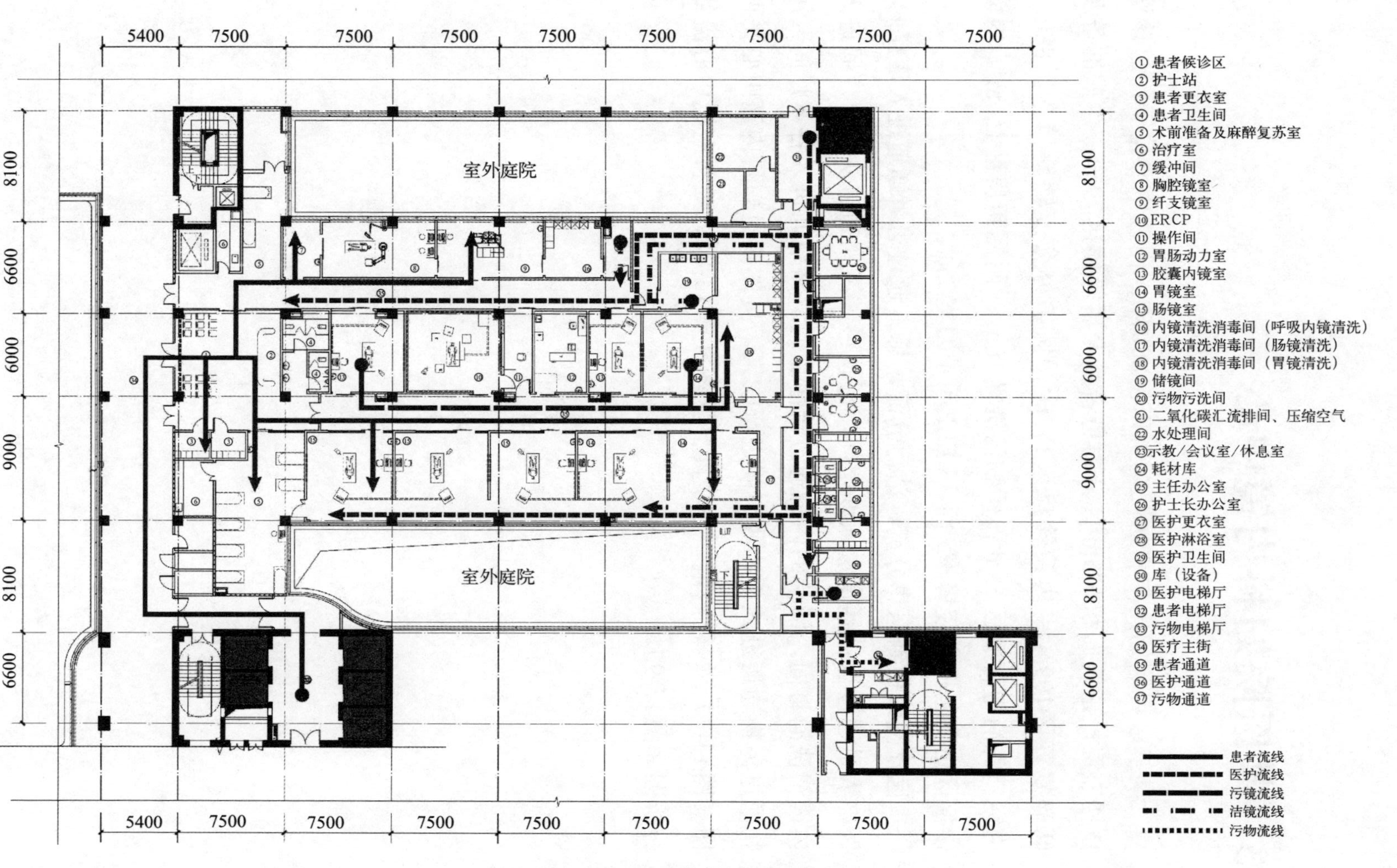

图13-6　呼吸内镜中心流线分析图

13.3 某医院妇科内镜中心

某三级甲等妇产专科医院编制床位800床，内镜中心位于门急诊医技楼三层，建筑面积673m^2。分为患者及家属等候区79m^2；术前准备及麻醉复苏区109m^2；内镜诊疗区172m^2，医护办公及辅助储存区88m^2；内镜清洗消毒存放区65m^2；污物污洗区10m^2；附属用房区150m^2。内镜诊疗区主要包括宫腔镜室2间，LEEP手术刀室2间。

医疗流线做到医患分流、洁污分流。患者通过患者通道进入诊疗间，医护人员通过医护通道进入诊疗间，污镜通过污物通道从各诊疗间进入内镜清洗消毒间，清洁的内镜通过洁净通道从储镜间进入各诊疗间，污物通过污物通道进入污物收集间进行收集。具体参见妇科内镜中心平面图（图13-7）、妇科内镜中心功能分区图（图13-8）、妇科内镜中心流线分析图（图13-9）。

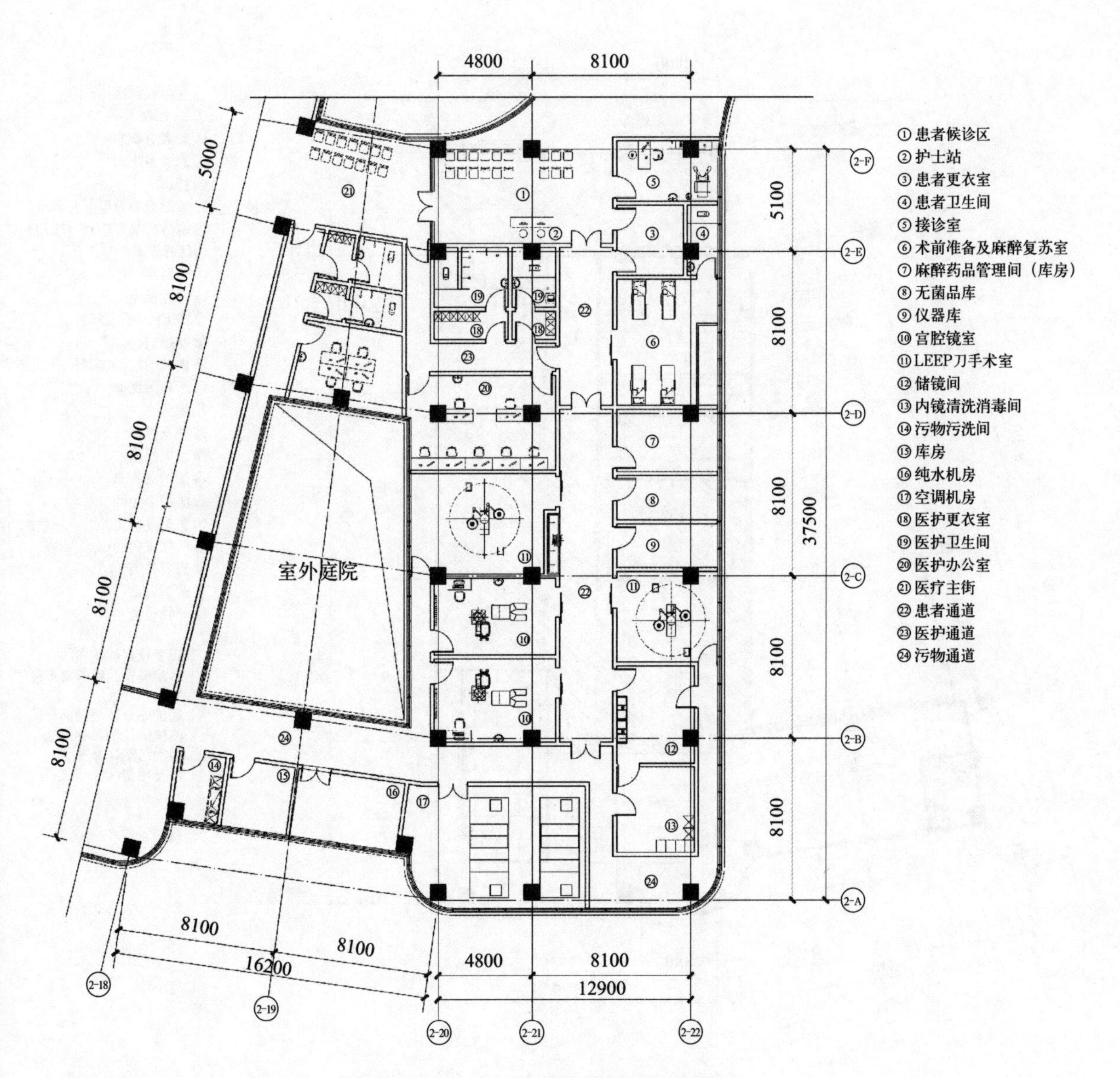

图13-7　妇科内镜中心平面图

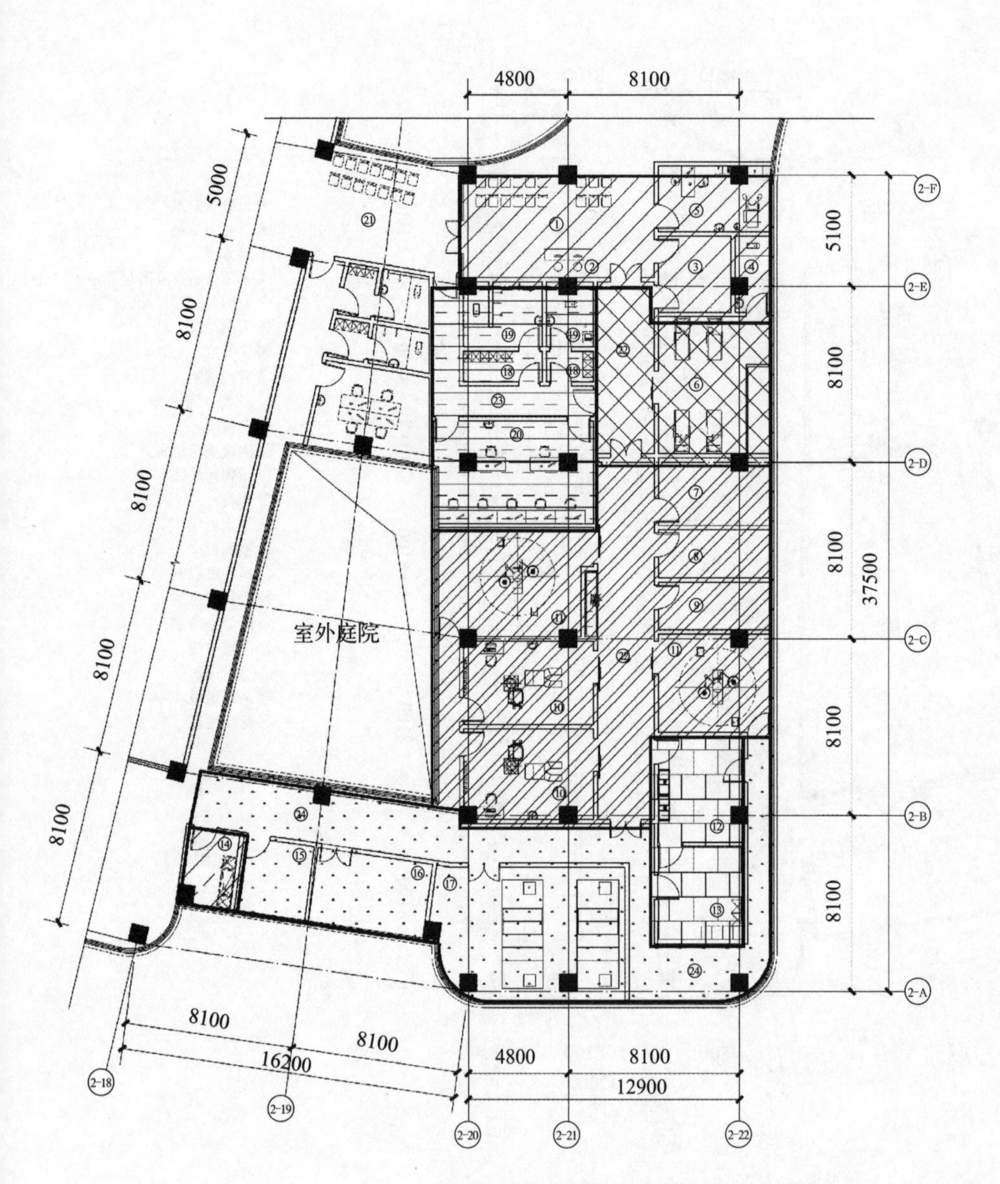

图13-8　妇科内镜中心功能分区图

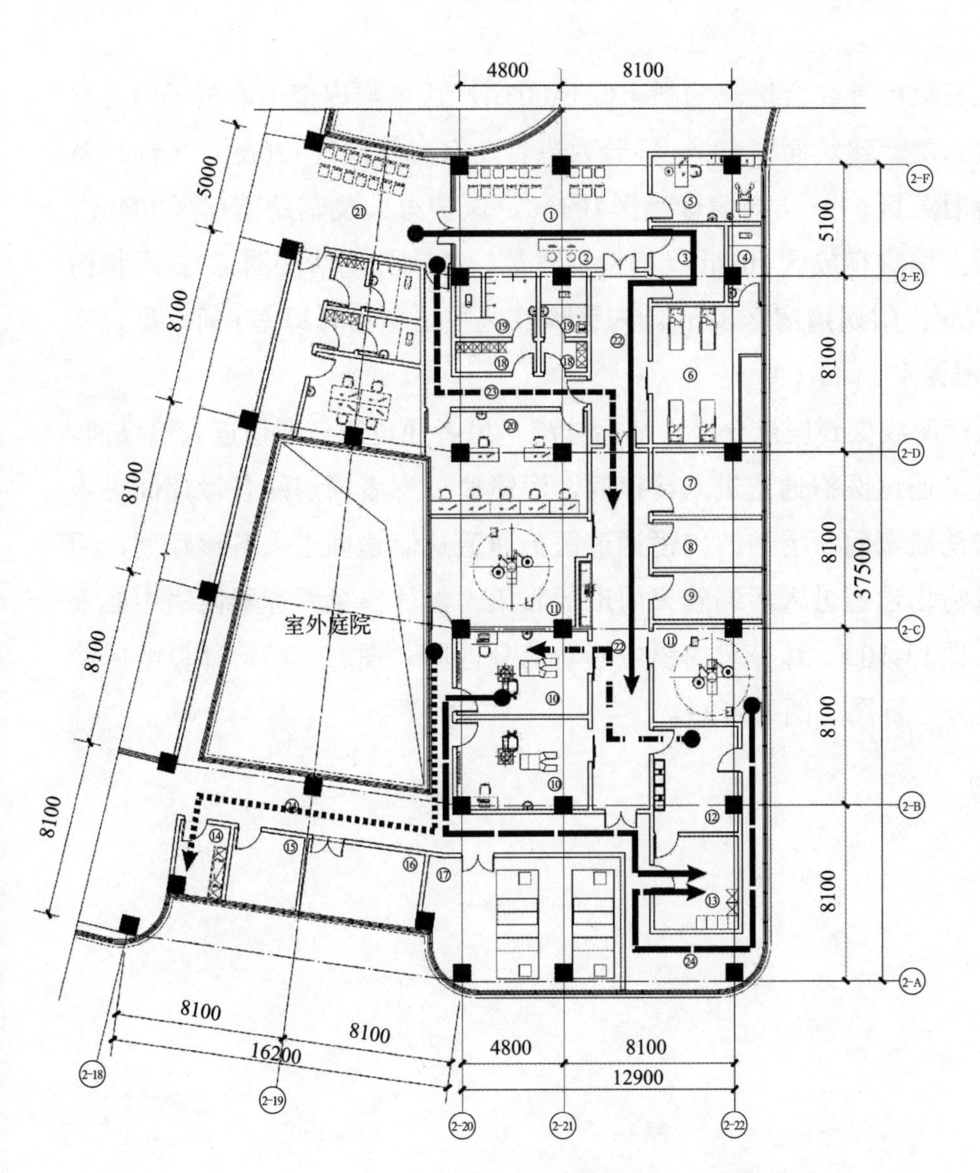

图13-9　妇科内镜中心流线分析图

13.4 某医院耳鼻喉内镜中心

某三级甲等综合医院编制床位1500床，耳鼻喉内镜中心位于门急诊医技楼六层，建筑面积693m²。分为患者及家属等候区120m²；术前准备及麻醉复苏区64m²；内镜诊疗区103m²，医护办公及辅助储存区204m²；内镜清洗消毒存放区101m²（喉镜、耳镜、鼻镜分别清洗消毒）；污物污洗区17m²；附属用房区84m²。内镜诊疗区主要包括耳镜室1间，鼻镜室1间，喉镜室1间。

医疗流线做到医患分流、洁污分流。患者通过患者通道进入诊疗间，医护人员通过医护通道进入诊疗间，污镜通过患者通道从各诊疗间进入内镜清洗消毒间，清洁的内镜通过医护通道从储镜间进入各诊疗间，污物通过污物通道进入污物收集间进行收集。具体参见耳鼻喉内镜中心平面图（图13-10）、耳鼻喉内镜中心功能分区图（图13-11）、耳鼻喉内镜中心流线分析图（图13-12）。

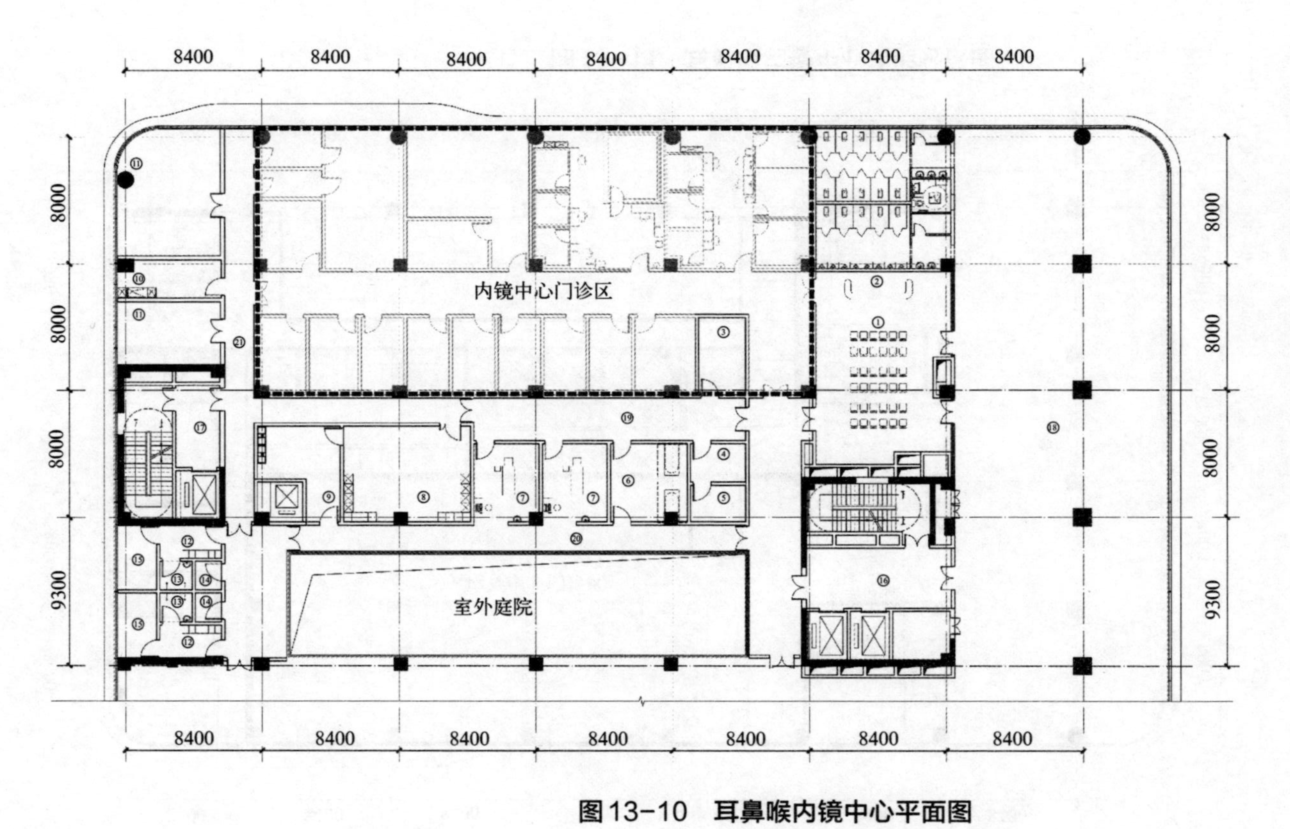

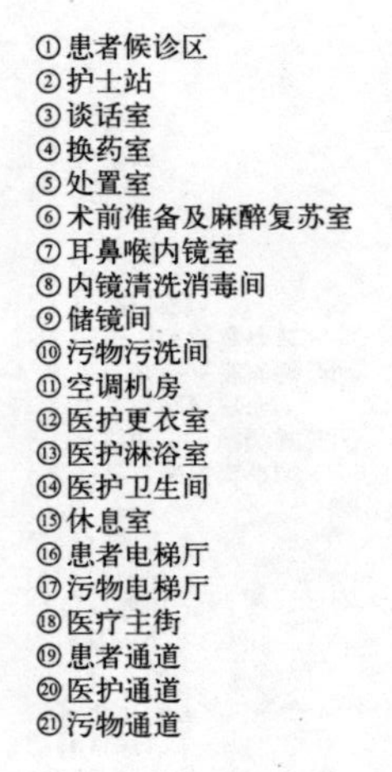

图13-10　耳鼻喉内镜中心平面图

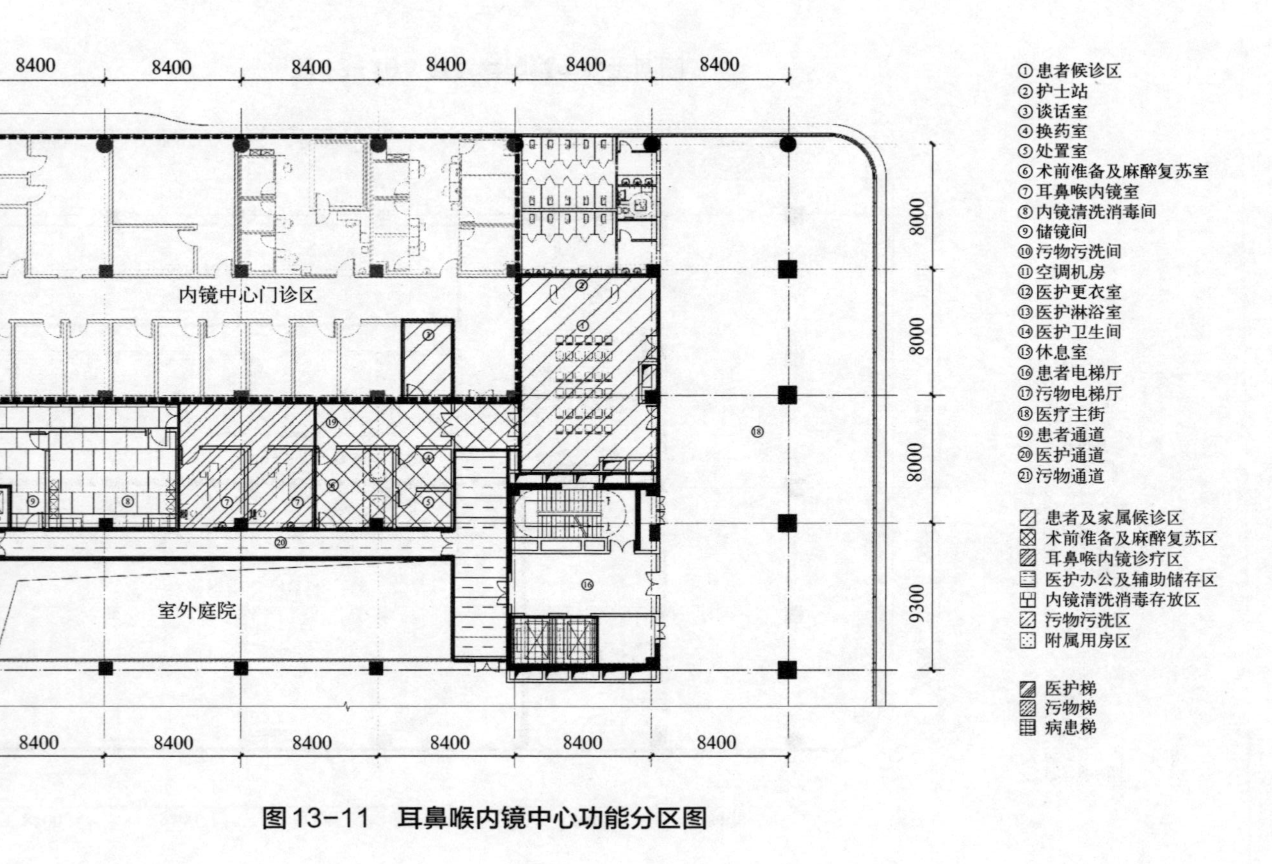

图13-11　耳鼻喉内镜中心功能分区图

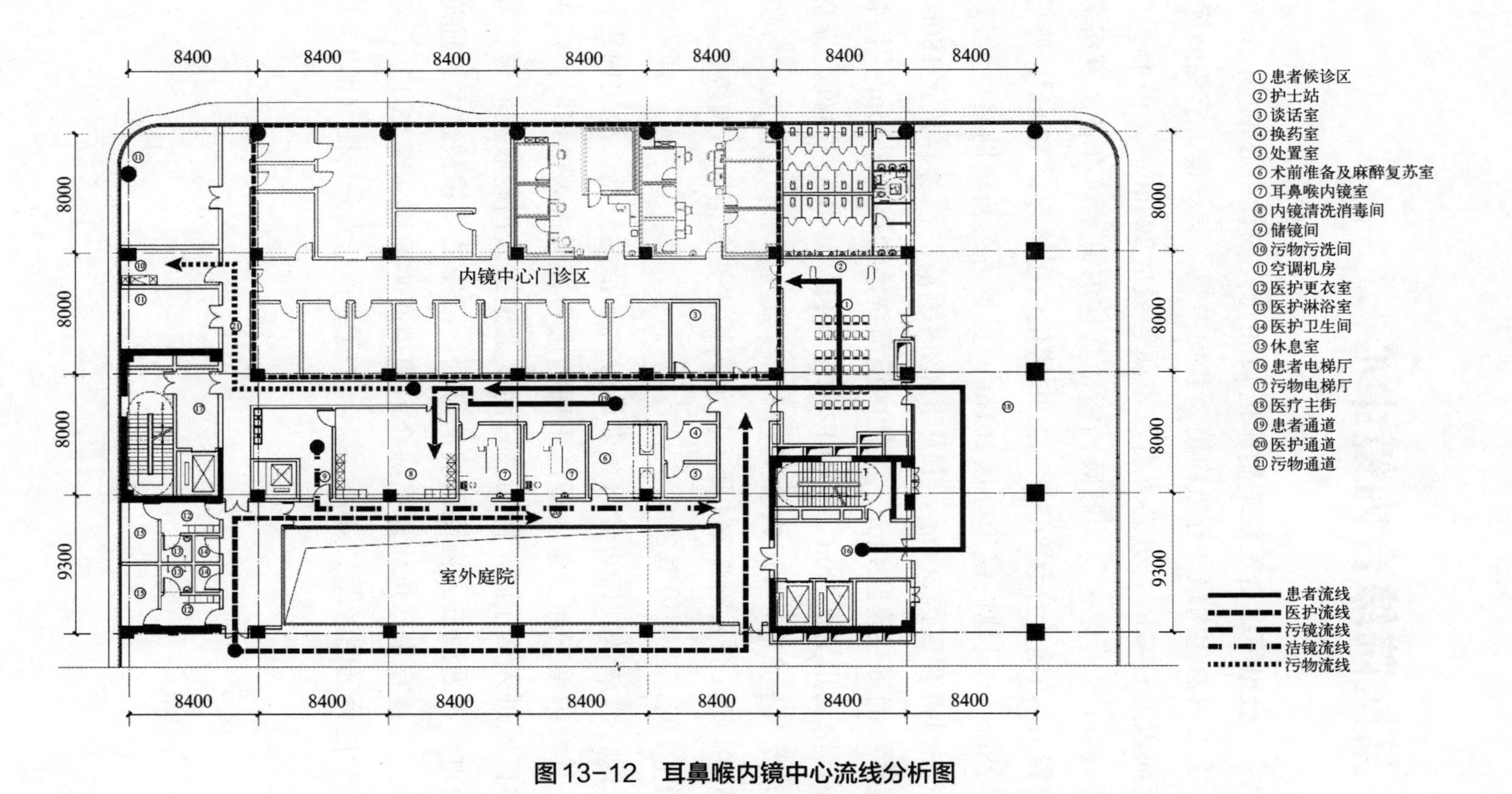

图13-12 耳鼻喉内镜中心流线分析图

13.5 某医院综合内镜中心

某三级甲等综合医院编制床位1200床，内镜中心位于门诊医技楼三层，主要由消化内镜、呼吸内镜及其他内镜（膀胱镜、宫腔镜等）组成，建筑面积为1842m^2。分为患者及家属等候区224m^2；术前准备及麻醉复苏区188m^2（消化内镜、呼吸内镜、其他内镜术前准备及麻醉复苏区分别设置）；内镜诊疗区867m^2，其中消化内镜诊疗区320m^2，呼吸内镜诊疗区286m^2，其他内镜诊疗区261m^2；医护办公及辅助储存区271m^2，内镜清洗消毒存放区264m^2，其中消化内镜清洗消毒存放区180m^2，呼吸内镜清洗消毒存放区44m^2，其他内镜清洗消毒存放区40m^2；污物污洗区10m^2；附属用房区18m^2。消化内镜主要包括胃肠镜室3间，无痛内镜室2间，治疗室2间，VIP内镜室1间；呼吸内镜主要包括支气管镜室3间，喉镜室1间，介入治疗室1间；其他内镜主要包括内科胸腔镜室1间，膀胱镜室1间，宫腔镜室2间。

医疗流线做到医患分流、患患分流、洁污分流。消化内镜、呼吸内镜、其他内镜三部分患者通过不同的患者通道进入诊疗间，医护人员从医护区域进入诊疗间，污物通过污物通道进入污物收集间进行收集。污镜通过污物通道进入内镜清洗消毒间，洁净的内镜通过医护通道从储镜间进入各诊疗室。具体参见综合内镜中心平面图（图13-13）、综合内镜中心功能分区图（图13-14）、综合内镜中心流线分析图（图13-15）。

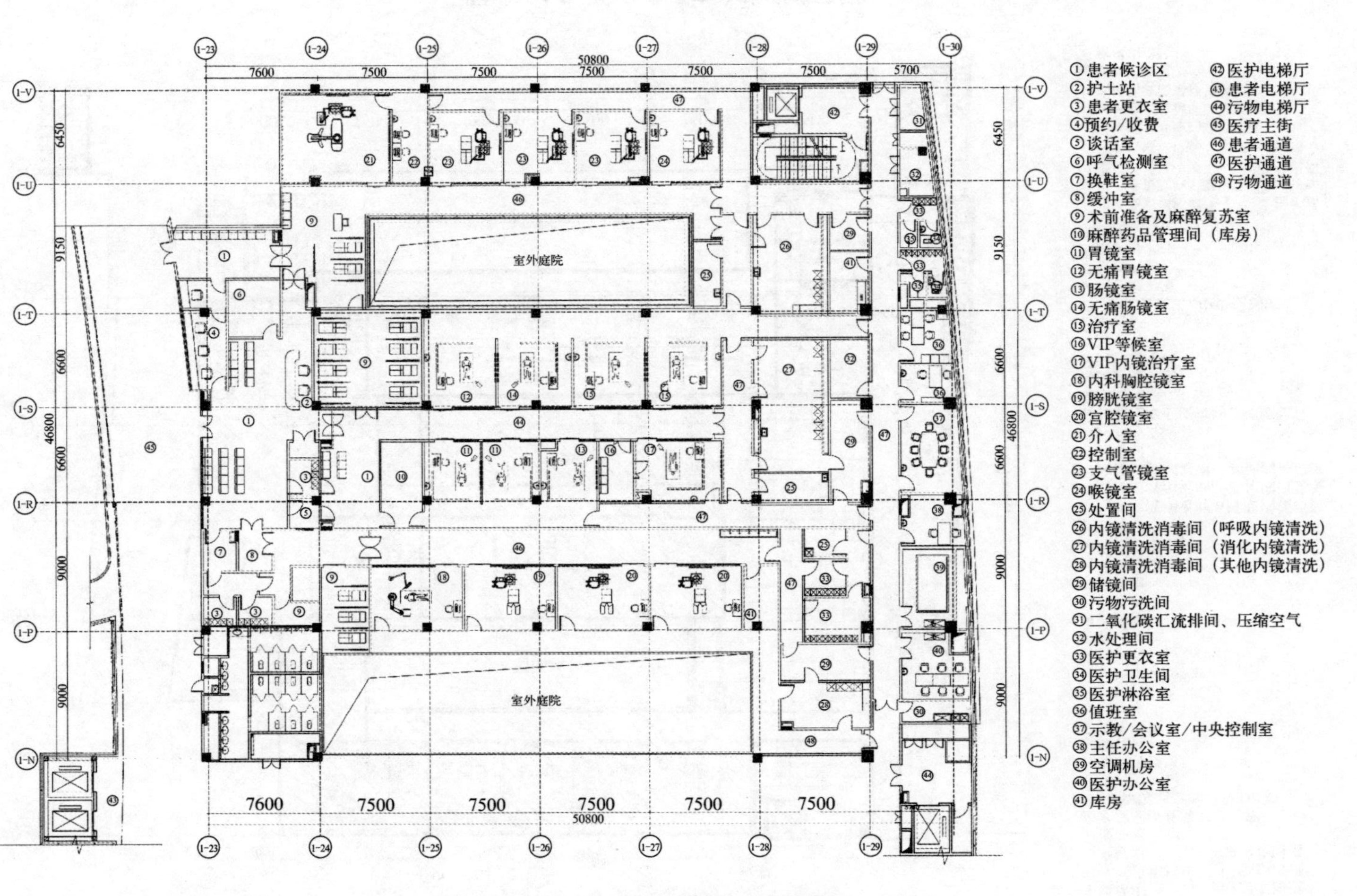

图13-13　综合内镜中心平面图

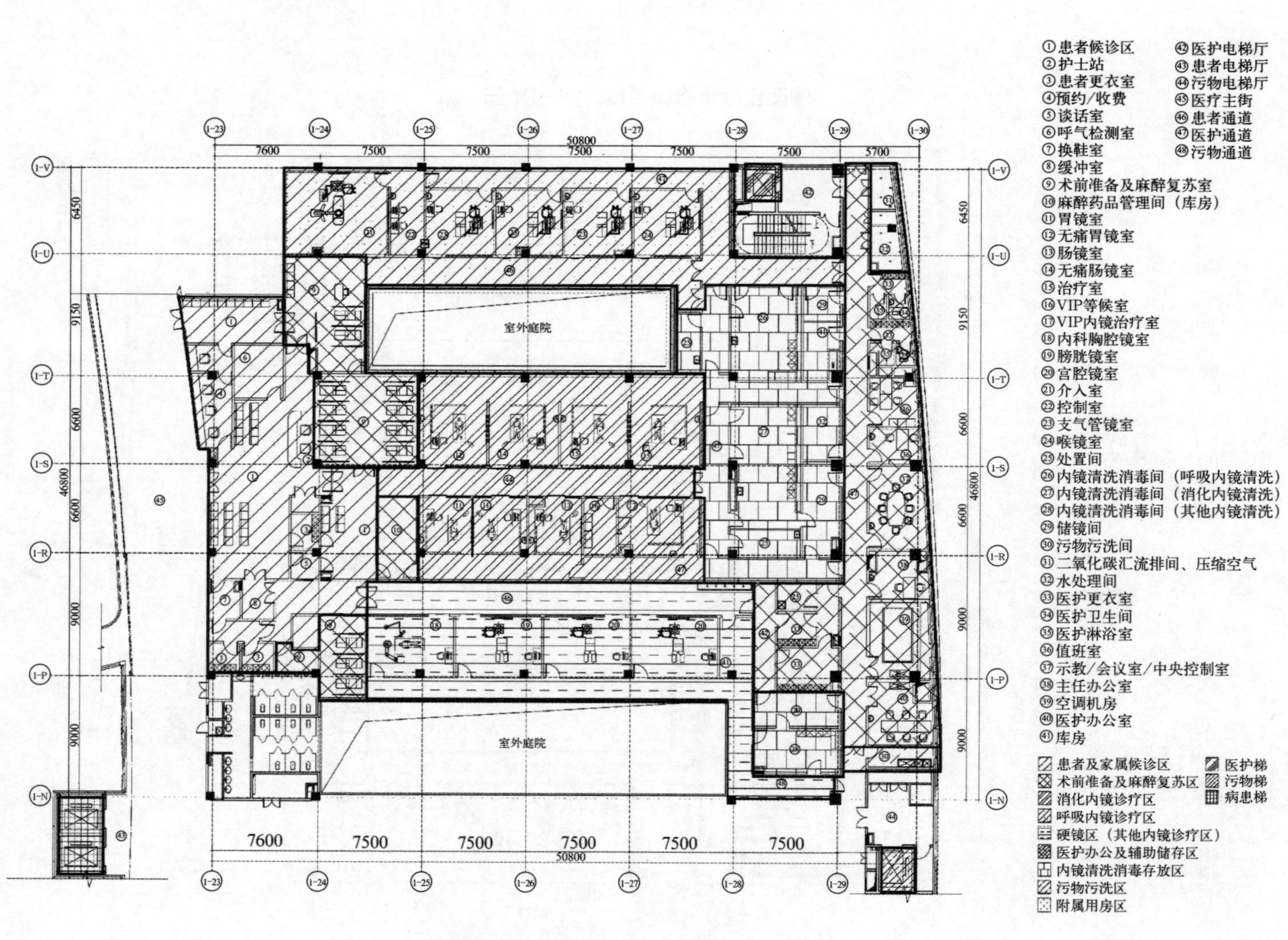

图13-14 综合内镜中心功能分区图

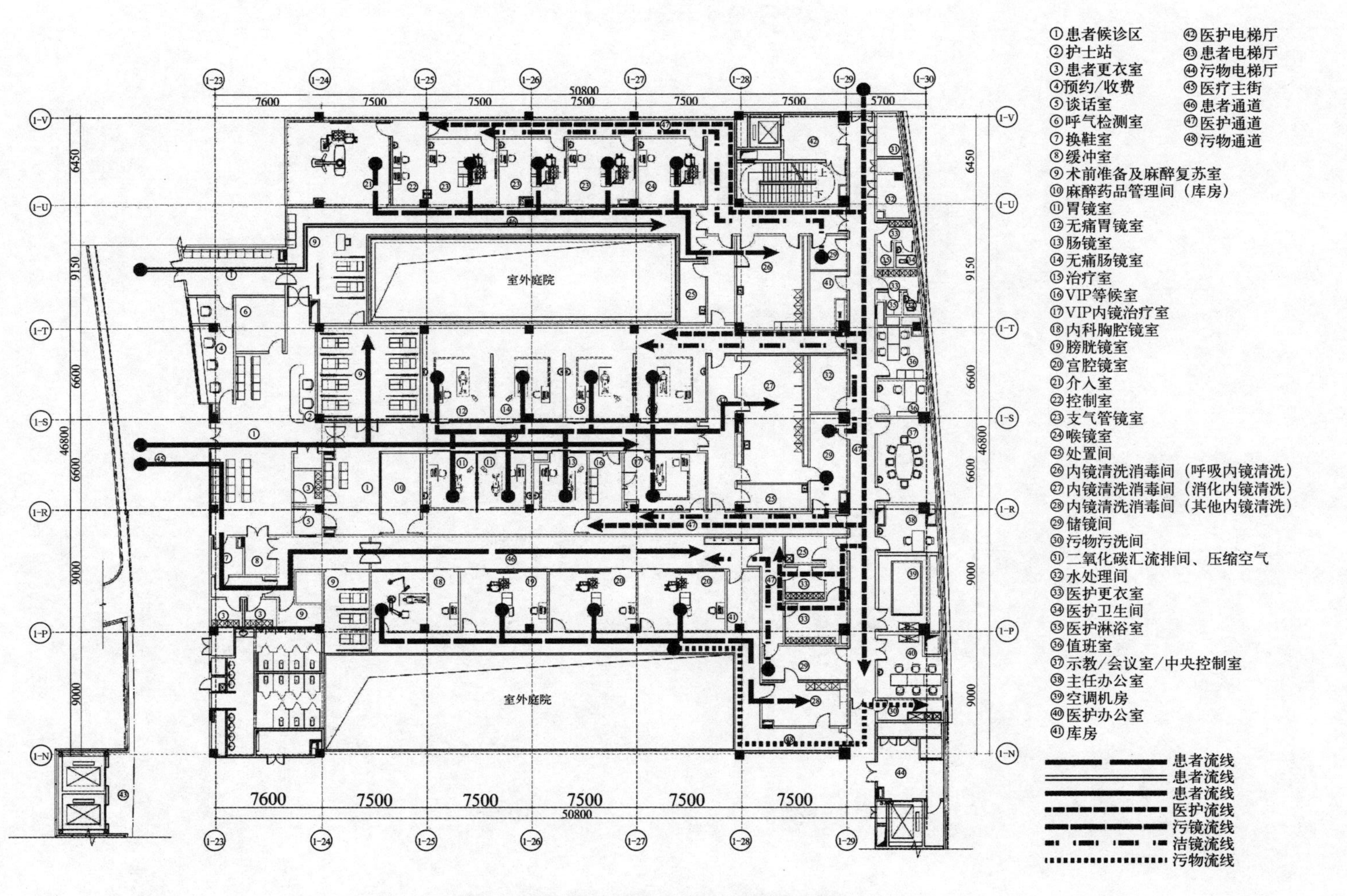

图13-15　综合内镜中心流线分析图

14

附表　内镜中心房间功能组成与设备配置

附表1　内镜中心通用房间功能组成表

功能分区	名称	参考面积/m^2	占比/%	说明
患者及家属等候区	护士站（登记）	5	15～19	负责收费；与预约台的联系；患者术前准备指导；各检查间的调度
	患者候诊区	20		用于患者及家属的等候、排号空间
	谈话室	≥5		用于患者家属与医师的沟通空间
	患者更衣室	≥6		用于患者就诊前后更衣
	患者卫生间	≥5		用于患者就诊前后排便
术前准备及麻醉复苏区	术前准备室（区域）、麻醉恢复室	50～80	5～8	用于患者无痛治疗前后空间
	抢救室	≥20		用于危急重症患者抢救空间
	麻醉药品管理间（库房）	≥5		存放麻醉药品的场所
医护办公及辅助储存区	医护办公室	10	15～17	用于医师、护士的办公和休息的场所
	主任办公室	10		用于主任办公和休息的场所
	阅片室	14		用于医师阅片空间
	档案室/资料室			用于存放相关资料空间
	示教/会议室	25～40		内镜技术交流及人数较多的各种内镜新技术学习班的观摩场所

续表

功能分区	名称	参考面积/m²	占比/%	说明
医护办公及辅助储存区	医护更衣室	7	15～17	用于医护工作前后更衣空间
	医护淋浴室	5		用于医护工作前后淋浴空间
	医护卫生间	3		用于医护工作期间排便空间
	中央控制室	5～15		用于放置内镜中心局域网、监视设备、示教设备的场所。可以是独立的场所，也可以是示教室或某一室的一隅
	耗材库	15		存放一次性医用耗材
	库（设备）	6		包括清洁库房、辅料库房、危化品库、器材室等
	休息室	12		用于医护工作期间休息空间
内镜清洗消毒存放区	内镜清洗消毒室	＞40	6～8	内部流程应做到由污到洁，污洁无交叉
	储镜室（区）	＞10		内镜存放库内应通风良好、保持干燥，相对湿度常年保持在30%～70%
污物污洗区	污物间、洗消间	7	1～2	用于本区域内污物洗消、存放空间
附属用房区	二氧化碳汇流排间、空压机房	＞15	2～3	提供内镜中心所需的特殊气体
	水处理间	＞20		生产纯水设备空间

附表2　内镜中心特有房间功能组成表

<table>
<tr><th>功能分区</th><th>名称</th><th>参考面积/m^2</th><th>占比/%</th><th>说明</th></tr>
<tr><td rowspan="11">消化内镜诊疗室</td><td>胃镜室</td><td>≥20</td><td rowspan="11">53～56</td><td>用于检查、治疗空间</td></tr>
<tr><td>无痛胃镜室</td><td>≥25</td><td>用于需要无痛治疗患者检查、治疗空间</td></tr>
<tr><td>肠镜室</td><td>≥25</td><td rowspan="2">最好配备专门的卫生间</td></tr>
<tr><td>无痛肠镜室检查室</td><td>≥25</td></tr>
<tr><td>普通胶囊内镜检查室</td><td>≥10</td><td>用于患者准备及服用胶囊的空间</td></tr>
<tr><td>磁控胶囊内镜检查室</td><td>25</td><td>用于患者准备及服用胶囊的空间</td></tr>
<tr><td>ERCP室（肝胆内镜）</td><td>40～60</td><td>设置控制室，面积约为15～20m^2，检查室≥42m^2。地面防潮绝缘</td></tr>
<tr><td>超声内镜检查室</td><td>20</td><td>用于患者超声检查、治疗空间</td></tr>
<tr><td>胃肠动力检测室</td><td>20</td><td>用于患者胃动力检查、治疗空间</td></tr>
<tr><td>碎石振波室</td><td>25</td><td>用于患者碎石、治疗空间</td></tr>
<tr><td>内镜手术室</td><td>≥36</td><td>用于患者手术治疗空间</td></tr>
<tr><td>呼吸内镜诊疗室</td><td>支气管镜室</td><td>≥20</td><td>53～56</td><td>用于患者检查、治疗空间</td></tr>
</table>

续表

功能分区	名称	参考面积/m²	占比/%	说明
呼吸内镜诊疗室	支气管镜室（配有C臂设备）	≥25	53～56	用于患者检查、治疗空间
	胸腔镜室	≥20		用于患者检查、治疗空间
	细胞室	≥20		用于患者检查、治疗空间
	特殊诊疗室	≥20		用于患者检查、治疗空间
泌尿科内镜诊疗室	膀胱镜室	≥20	53～56	用于患者检查、治疗空间
	腹腔镜室	≥20		用于患者检查、治疗空间
	输尿管镜室	≥20		用于患者检查、治疗空间
	经皮肾镜室	≥20		用于患者检查、治疗空间
	前列腺电切镜室	≥20		用于患者检查、治疗空间
	尿道切开镜室	≥20		用于患者检查、治疗空间
耳鼻喉内镜诊疗室	喉镜室	≥20	53～56	用于患者检查、治疗空间
	耳镜室	≥20		用于患者检查、治疗空间
	鼻镜室	≥20		用于患者检查、治疗空间
妇科内镜诊疗室	宫腔镜室	≥20		用于患者检查、治疗空间
	阴道镜室	≥20		
	妇科腹腔镜室	≥20		

附表3　内镜中心通用房间设备配置表

<table>
<tr><th>房间名称</th><th>设备名称</th><th>数量</th><th>说明</th></tr>
<tr><td rowspan="11">内镜清洗消毒室</td><td>自动清洗消毒机</td><td>3</td><td>不同厂家的规格不同，需符合GB 30689—2014的规定</td></tr>
<tr><td>超声清洗机</td><td>1</td><td>产品参数根据产品型号确定</td></tr>
<tr><td>内镜干燥台</td><td>1</td><td>尺寸根据产品型号确定</td></tr>
<tr><td>排气扇</td><td>4</td><td>当洗消间面积≥4m^{2}时，应配备排气扇个数在4个以上</td></tr>
<tr><td>初洗池、清洗槽</td><td>按需配置</td><td>手工清洗消毒操作应配备漂洗槽、消毒槽、终末漂洗槽</td></tr>
<tr><td>全管道灌流器</td><td>按需配置</td><td rowspan="2">动力泵和全管道灌流器共同使用</td></tr>
<tr><td>动力泵</td><td>按需配置</td></tr>
<tr><td>灭菌设备</td><td>按需配置</td><td>有条件的内镜中心可配备</td></tr>
<tr><td>测漏装置</td><td>1</td><td>用于检测内镜气密用（手动或自动）</td></tr>
<tr><td>清洗刷</td><td>按需配置</td><td>长刷（管道用）、短刷（水气吸引底座）</td></tr>
<tr><td colspan="3">备注：根据不同的清洗消毒操作模式（例如手工、自动），还应配备吹干机、高压水枪、高压气枪等。不同的内镜清洗消毒应该独立进行，独立存储。洗消间应设置在检查区的附近。应配备排风装置，空气消毒设备，无菌配件存储应备有单独的存储设备</td></tr>
</table>

<table>
<tr><th>房间名称</th><th>设备名称</th><th>数量</th><th>说明</th></tr>
<tr><td>储镜室（区）</td><td>储镜库（柜）</td><td>3</td><td>高水平消毒软式内镜的储存可以根据软式内镜数量选择镜库或镜柜，并设置带干燥功能的管道通气设备。不建议配置紫外线和臭氧消毒设施，因为容易损坏内镜表面。储存环境强调保持整洁和温湿度控制，建议将环境温度控制在24℃左右，相对湿度维持在70%以下。
灭菌软式内镜的储存如果使用低温灭菌设备，且灭菌的软式内镜有规范包装，则使用满足规定的镜柜储存即可。如果是采用化学浸泡灭菌的，则需要配置专业的无菌储镜柜，有洁净的干燥空气与内镜的内腔连接，确保储存过程的干燥。有条件的内镜中心建议配备内镜干燥储存柜。内镜与附件储存库(柜)应每周清洁消毒1次，遇污染时应随时清洁消毒。内镜的存放须清洁、干燥、无菌</td></tr>
<tr><td rowspan="3">中央控制室</td><td>多功能电源插座</td><td>1</td><td rowspan="3">控制室的空间应能容纳控制台、工作站、电脑、防护设备装备及洗手池等设备。</td></tr>
<tr><td>多功能控制台</td><td>按需配置</td></tr>
<tr><td>工作站/电脑</td><td>按需配置</td></tr>
<tr><td>患者更衣室</td><td>衣柜</td><td>按需配置</td><td>用于患者检查、治疗前后更衣</td></tr>
<tr><td>医护更衣室</td><td>衣柜</td><td>按需配置</td><td>用于医护工作前后更衣</td></tr>
<tr><td rowspan="3">术前准备室（区域）、麻醉恢复室</td><td>供氧装置（两路）（给氧系统）</td><td>按需配置</td><td rowspan="3">麻醉恢复室应配置有必要的监护设备，并宜设有总屏显示器监测指标、给氧系统、吸引系统、急救呼叫系统、急救设备及相应的医护人员，应保证每一例麻醉恢复患者均在监护状态，宜设置相对独立的应急抢救区域</td></tr>
<tr><td>吸痰装置（吸引系统）</td><td>按需配置</td></tr>
<tr><td>心电监护、急救呼叫系统</td><td>按需配置</td></tr>
</table>

附表4 消化内镜房间设备配置表

房间设备	设备名称	数量	说明
诊疗室通用设备	工作站	1	内镜报告系统工作站需支持采集图像、报告输入等功能，同时需配备可以采集内镜图像的装置
	治疗带或吊塔	1	治疗带和吊塔可二选一，无吊塔条件的内镜中心治疗带需包含气体（空气、氧气、二氧化碳）及负压吸引管道。尺寸根据产品型号确定；吊塔含氧气、吸引、强弱电等，有内镜挂架，可悬挂内窥镜，具有输送二氧化碳气体功能
	图像处理装置	1	产品参数根据产品型号确定
	内窥镜光源	1	内窥镜冷光源装置，LED或氙灯光源，产品参数根据产品型号确定
	显示器	1	选择安全、方便设备
	内镜台车	1	选择安全、方便设备
	水泵	1	附送水功能；流量可调，具有时间安全控制，一般根据内镜产品型号配备
	气泵（一路二氧化碳）	1	支持二氧化碳气体，兼容钢瓶、管道气体。一般根据内镜产品型号配备
	高频电刀	1	尺寸根据产品型号确定
	能量设备	1	选择安全、方便设备
	超声探头驱动装置	1	产品参数根据产品型号确定
	高频电发生器	按需配置	选择安全、方便设备
	气囊控制器	1	产品参数根据产品型号确定
	急救设备	按需配置	包括止血器械、气管插管、喉罩、各类麻醉及急救药、心电监护仪（含血氧饱和度监测功能）、除颤仪、简易呼吸器等

续表

房间设备	设备名称	数量	说明
诊疗室通用设备	吸引器	2	需注意同时配备2套吸引，一套供内镜使用，另一套供吸引口腔内液体使用
胃镜室特有设备	电子胃镜	1	产品参数根据产品型号确定
无痛胃镜特有设备	电子胃镜	1	与普通电子胃镜要求一致
无痛胃镜特有设备	麻醉机	1	选择安全、方便设备
肠镜室特有设备	结肠镜	1	产品参数根据产品型号确定长度为工作长度，厂家之间有区别
肠镜室特有设备	电子结肠镜	1	产品参数根据产品型号确定
肠镜室特有设备	悬臂显示器	1	有条件的内镜中心可配备，尺度据产品型号确定。配备在吊塔上，需要包含输送二氧化碳气体功能
无痛肠镜室特有设备	结肠镜	1	与普通肠镜要求一致
无痛肠镜室特有设备	电子结肠镜	1	与普通结肠镜要求一致
无痛肠镜室特有设备	悬臂显示器	1	与普通肠镜室要求一致
无痛肠镜室特有设备	麻醉机	1	选择安全、方便设备
ERCP特有设备	数字化X射线摄像透视系统	1	需配备符合要求的辐射防护用品，额外配备X射线的显示器，与内镜显示器分开。具备合乎要求心电、血压、脉搏、氧饱和度监护设备，以及供氧、吸引装置、由发电机或电池提供的不间断电力来源
ERCP特有设备	主机	1	需配备符合要求的辐射防护用品，额外配备X射线的显示器，与内镜显示器分开。具备合乎要求心电、血压、脉搏、氧饱和度监护设备，以及供氧、吸引装置、由发电机或电池提供的不间断电力来源
ERCP特有设备	十二指肠镜	1	需配备符合要求的辐射防护用品，额外配备X射线的显示器，与内镜显示器分开。具备合乎要求心电、血压、脉搏、氧饱和度监护设备，以及供氧、吸引装置、由发电机或电池提供的不间断电力来源
ERCP特有设备	其他		导丝、造影导管、乳头切开刀、取石器、碎石器、扩张探条、扩张气囊、引流管、支架、内镜专用的高频电发生器、注射针和止血夹等。所有的器械符合灭菌要求，一次性物品按有关规定处理，常用易损的器械均有备用品

续表

房间设备	设备名称	数量	说明
胃肠动力检测室特有设备	胃肠检测仪	1	尺寸根据产品型号确定
超声内镜检查室特有设备	超声胃镜	1	产品参数根据产品型号确定。具体要求：①一条内镜可以完成所有的诊疗工作；②内镜下高清图像，便于观察黏膜病变；③超精细超声图像，可发现更小的早期病变；④4.0大钳道设计，可完成各种复杂的内镜下治疗；⑤抬钳器钢丝密闭式设计，避免交叉感染；抬钳器V型设计，便于治疗时卡住治疗附件；⑥水囊吸水管道可刷洗，提升感控部门的标准
	超声设备	1	超声检查室并非必须单独配置，有条件的内镜中心可单独设置。更多的情况是将超声主机直接配备在胃肠镜诊室，其他配备条件与胃肠镜诊室相同，超声检查即可完成
	悬臂显示器	1	尺度据产品型号确定。配备在吊塔上，需要包含输送二氧化碳气体功能
磁控胶囊内镜检查室特有设备	磁控胶囊内镜检查设备	1	尺寸根据产品型号确定
共聚焦显微内镜室与无痛胃镜室特有设备	共聚焦显微影像仪	1	共聚焦显微内镜建议与无痛内镜联用
	共聚焦探头	1	适配钳道孔径≥2.8mm的内镜。具体参数根据型号而定
	成像控制软件	1	安装在图像处理工作站上
	脚踏开关	1	具备2个踏板、1个按键
	呼吸机	1	
	摄像系统	1	根据内窥镜型号，摄像系统包括3D/高清/4K/荧光摄像系统

续表

房间设备	设备名称	数量	说明
共聚焦显微内镜室与无痛胃镜室特有设备	内窥镜	1	内窥镜包括3D电子镜、3D光学镜、高清、4K、荧光内窥镜
	吊塔（两路吸引、两路氧气、一路二氧化碳）	1	麻醉吊塔/手术设备吊塔，供连接或悬挂麻醉机、监护仪
	冷光源	1	显色指数>90，相关色温3000～7000K
	气腹机	1	流速≥50L/min，流量调节范围≥0.1～50L/min
	刻录机	1	根据腔镜型号，可以刻录高清/3D/4K/荧光图像视频
	高频电外科工作站	1	提供电外科切割和凝结，双极功能和血管密封，包含电刀、双极钳等电离设备
	超声刀	1	根据实际需求提供超声类手术设备
	无影灯	2	满足腔镜手术照明需要
	手术器械	1套	根据手术场景，需要包括左弯分离钳/大弯分离钳/系膜抓钳/肠抓钳/粗齿无损伤抓钳/大直角分离钳/直角分离钳/无创鸭嘴抓钳/弯剪/直剪/左弯直V型持针器/取石钳/10mm塑料夹钳/镊子/电勾带线/气腹针/10mm冲洗吸引管/切割吻合器等
	麻醉机	1	尺寸根据产品型号确定
	急救设备	1套	心电监护仪、除颤仪、呼吸器等
	辅助设备	1套	冲洗机、膨宫机、激光机、离子刀、组织粉碎器等
	空气消毒机	1套	选择适宜、安全、方便设备

附表5　呼吸内镜房间设备配置表

房间设备	设备名称	数量	说明
诊疗室通用设备	工作站	1	内镜报告系统工作站需支持采集图像、报告输入等功能，同时需配备可以采集内镜图像的装置
	气管镜	1	尺寸根据产品型号确定
	治疗带或吊塔	1	治疗带和吊塔可二选一，无吊塔条件的内镜中心治疗带需包含气体（空气、氧气、二氧化碳）及负压吸引管道。尺寸根据产品型号确定；吊塔含氧气、吸引、强弱电等，有内镜挂架，可悬挂内镜，具有输送二氧化碳气体功能
	图像处理装置	1	产品参数根据产品型号确定
	麻醉机	1	尺寸根据产品型号确定
	急救设备	按需配置	包括止血器械、气管插管、喉罩、各类麻醉及急救药、心电监护仪（含血氧饱和度监测功能）、除颤仪、简易呼吸器等
	电磁导航系统	1	该系统可以快速准确完成肺部病灶的准确定位以及工作通道建立，应用环境不限于支气管镜室和胸腔镜室，必要时可与X光/CBCT、手术机器人配合使用，完成肺部孤立性结节或多发结节的导、诊、治同台同时操作 电源电压要求为AC100 ～ 240V，输入电流为1.0A，温度范围为10 ～ 30℃，相对湿度范围≤75%，大气压力范围为700hPa ～ 1060hPa
支气管镜室特有设备	C臂		根据需求设置，续作防辐射措施
细胞室特有设备	工作站	4	包括显示器、主机、打印机、内镜报告系统工作站
	打印机	1	尺寸根据产品型号确定
	冰箱	1	尺寸根据产品型号确定
	流式细胞仪	1	产品参数根据产品型号确定

续表

房间设备	设备名称	数量	说明
细胞室特有设备	离心机	1	产品参数根据产品型号确定
	水浴箱	1	产品参数根据产品型号确定
手术室特有设备	摄像系统	1	根据内窥镜型号，摄像系统包括3D/高清/4K/荧光摄像系统
	内窥镜	1	内窥镜包括3D电子镜、3D光学镜、高清、4K、荧光内窥镜
	显示器	1	根据实际需要配置，3D显示器/4K显示器
	吊塔（两路吸引、两路氧气、一路二氧化碳）	1	麻醉吊塔/手术设备吊塔，供连接或悬挂麻醉机、监护仪
	冷光源	1	显色指数>90，相关色温3000 ～ 7000K
	气腹机	1	流速≥50L/min，流量调节范围≥0.1 ～ 50L/min
	刻录机	1	根据腔镜型号，可以刻录高清/3D/4K/荧光图像视频
	高频电外科工作站	1	提供电外科切割和凝结，双极功能和血管密封，包含电刀、双极钳等电离设备
	超声刀	1	根据实际需求提供超声类手术设备
	无影灯	2	满足腔镜手术照明需要
	手术器械	1	根据手术场景及需要设置
	麻醉机	1	尺寸根据产品型号确定
	急救设备品	1	包括止血器械、气管插管、喉罩、各类麻醉及急救药、心电监护仪（含血氧饱和度监测功能）、除颤仪、简易呼吸器等
	辅助设备	1	包括冲洗机、膨宫机、激光机、离子刀、组织粉碎器等
	手术机器人	1	医师操作台、患者操作台、远程控制箱等

附表6 泌尿内镜房间设备配置表

<table>
<tr><th>房间设备</th><th>设备名称</th><th>数量</th><th>说明</th></tr>
<tr><td rowspan="10">诊疗室
通用设备</td><td>工作站</td><td>1</td><td>内镜报告系统工作站需支持采集图像、报告输入等功能，同时需配备可以采集内镜图像的装置</td></tr>
<tr><td>治疗带或吊塔</td><td>1</td><td>治疗带和吊塔可二选一，无吊塔条件的内镜中心治疗带需包含气体（空气、氧气、二氧化碳）及负压吸引管道。尺寸根据产品型号确定；吊塔含氧气、吸引、强弱电等，有内镜挂架，可悬挂内窥镜，具有输送二氧化碳气体功能</td></tr>
<tr><td>图像处理装置</td><td>1</td><td>产品参数根据产品型号确定</td></tr>
<tr><td>电子内窥镜</td><td>1</td><td>尺寸根据产品型号确定</td></tr>
<tr><td>主机
（含显示器）</td><td>1</td><td>根据实际需要配置</td></tr>
<tr><td>内镜台车</td><td>1</td><td>医用内镜台车，尺寸根据产品型号确定</td></tr>
<tr><td>高频电发生器</td><td>按需配置</td><td>选择适宜、安全、方便设备</td></tr>
<tr><td>吸引器</td><td>按需配置</td><td>选择适宜、安全、方便设备</td></tr>
<tr><td>内镜台车</td><td>按需配置</td><td>选择适宜、安全、方便设备</td></tr>
<tr><td>急救设备</td><td>按需配置</td><td>包括止血器械、气管插管、喉罩、各类麻醉及急救药、心电监护仪（含血氧饱和度监测功能）、除颤仪、简易呼吸器等</td></tr>
<tr><td rowspan="2">手术室
特有设备</td><td>摄像系统</td><td>1</td><td>根据内窥镜型号，摄像系统包括3D/高清/4K/荧光摄像系统</td></tr>
<tr><td>内窥镜</td><td>1</td><td>内窥镜包括3D电子镜、3D光学镜、高清、4K、荧光内窥镜</td></tr>
</table>

续表

房间设备	设备名称	数量	说明
手术室特有设备	显示器	1	根据实际需要配置，3D显示器/4K显示器
	吊塔（两路吸引、两路氧气、一路二氧化碳）	1	麻醉吊塔/手术设备吊塔，供连接或悬挂麻醉机、监护仪
	冷光源	1	显色指数>90，相关色温3000～7000K
	气腹机	1	流速≥50L/min，流量调节范围≥0.1～50L/min
	刻录机	1	根据腔镜型号，可以刻录高清/3D/4K/荧光图像视频
	高频电外科工作站	1	提供电外科切割和凝结，双极功能和血管密封，包含电刀、双极钳等电离设备
	超声刀	1	根据实际需求提供超声类手术设备
	无影灯	2	满足腔镜手术照明需要
	手术器械	1	根据手术场景及需要设置
	麻醉机	1	尺寸根据产品型号确定
	急救设备品	1	包括止血器械、气管插管、喉罩、各类麻醉及急救药、心电监护仪（含血氧饱和度监测功能）、除颤仪、简易呼吸器等
	辅助设备	1	包括冲洗机、膨宫机、激光机、离子刀、组织粉碎器等
	手术机器人	1	医师操作台、患者操作台、远程控制箱等

附表7　耳鼻喉内镜房间设备配置表

房间设备	设备名称	数量	说明
诊疗室 通用设备	工作站	1	内镜报告系统工作站需支持采集图像、报告输入等功能，同时需配备可以采集内镜图像的装置
	治疗带或吊塔	1	治疗带和吊塔可二选一，无吊塔条件的内镜中心治疗带需包含气体（空气、氧气、二氧化碳）及负压吸引管道。尺寸根据产品型号确定；吊塔含氧气、吸引、强弱电等，有内镜挂架，可悬挂内窥镜，具有输送二氧化碳气体功能
	图像处理装置	1	产品参数根据产品型号确定
	内窥镜光源	1	内窥镜冷光源装置，LED或氙灯光源
	主机 （含显示器）	1	根据实际需要配置
	内镜台车	1	医用内镜台车，尺寸根据产品型号确定
	急救设备	按需配置	包括止血器械、气管插管、喉罩、各类麻醉及急救药、心电监护仪（含血氧饱和度监测功能）、除颤仪、简易呼吸器等
咽喉镜室 特有设备	软性电子咽喉内窥镜	1	选择适宜、安全、方便设备
耳镜室 特有设备	软性电子耳内窥镜	1	选择适宜、安全、方便设备
鼻镜室 特有设备	软性电子鼻内窥镜	1	选择适宜、安全、方便设备

附表8　妇科内镜房间设备配置表

房间设备	设备名称	数量	说明
诊疗室通用设备	工作站	1	内镜报告系统工作站需支持采集图像、报告输入等功能，同时需配备可以采集内镜图像的装置
	治疗带或吊塔	1	治疗带和吊塔可二选一，无吊塔条件的内镜中心治疗带需包含气体（空气、氧气、二氧化碳）及负压吸引管道。尺寸根据产品型号确定；吊塔含氧气、吸引、强弱电等，有内镜挂架，可悬挂内窥镜，具有输送二氧化碳气体功能
	图像处理装置	1	产品参数根据产品型号确定
	主机（含显示器）	1	根据实际需要配置
	内镜台车	1	医用内镜台车，尺寸根据产品型号确定
	显微镜	1	尺寸根据产品型号确定
	阴道镜	1	包括阴道、配套系统显示设备等
	手术器械台	1	尺寸根据产品型号确定
	高频电发生器	按需配置	选择适宜、安全、方便设备
	吸引器	按需配置	选择适宜、安全、方便设备
	急救设备	按需配置	包括止血器械、气管插管、喉罩、各类麻醉及急救药、心电监护仪（含血氧饱和度监测功能）、除颤仪、简易呼吸器等
宫腔镜镜室特有设备	宫腔镜	1	包括宫腔镜、配套系统显示设备等
腹腔镜室特有设备	腹腔镜	1	包括腹腔镜、配套系统显示设备等

续表

房间设备	设备名称	数量	说明
手术室特有设备	摄像系统	1	根据内窥镜型号，摄像系统包括3D/高清/4K/荧光摄像系统
	内窥镜	1	内窥镜包括3D电子镜、3D光学镜、高清、4K、荧光内窥镜
	显示器	1	根据实际需要配置3D显示器/4K显示器
	吊塔（两路吸引、两路氧气、一路二氧化碳）	1	麻醉吊塔/手术设备吊塔，供连接或悬挂麻醉机、监护仪
	冷光源	1	显色指数>90，相关色温3000 ～ 7000K
	气腹机	1	流速≥50L/min，流量调节范围≥0.1 ～ 50L/min
	刻录机	1	根据腔镜型号，可以刻录高清/3D/4K/荧光图像视频
	高频电外科工作站	1	提供电外科切割和凝结，双极功能和血管密封，包含电刀、双极钳等电离设备
	超声刀	1	根据实际需求提供超声类手术设备
	无影灯	2	满足腔镜手术照明需要
	手术器械	1	根据手术场景及需要设置
	麻醉机	1	尺寸根据产品型号确定
	急救设备品	1	包括止血器械、气管插管、喉罩、各类麻醉及急救药、心电监护仪（含血氧饱和度监测功能）、除颤仪、简易呼吸器等
	辅助设备	1	包括冲洗机、膨宫机、激光机、离子刀、组织粉碎器等
	手术机器人	1	医师操作台、患者操作台、远程控制箱等

附表9　内镜中心通用房间家具配置表

房间名称	家具名称	数量	说明
内镜清洗消毒室	非触摸式水龙头	1	宜配备防水板、镜子、纸巾盒、洗手液
	垃圾桶	1	医疗垃圾桶、生活垃圾桶
	储物柜	1	尺寸根据产品型号确定。存有计时器、防水帽、全管路冲洗器、软性清洁刷、各种内镜专用刷、内镜及附件运送容器、低纤维絮且质地柔软的擦拭布及垫巾、注射器、纱布、手套、防渗透服、防护镜或面罩等
	内镜周转车	2	内镜周转车三层，灵活可升降。分为洁净车和污染车
储镜室（区）	挂钩	若干	尺寸根据产品型号确定
中央控制室	全景摄像机柜	1	可以是独立的场所，也可是示教室或某一室的一隅。要通风、便于管理
	电话	1	按实际需要配置
	中控大屏幕	1	按实际需要配置
患者更衣室	衣架	1	尺寸根据产品型号确定，数量可根据空间尺度具体配置
	鞋架	1	尺寸根据产品型号确定，数量可根据空间尺度具体配置

续表

房间名称	家具名称	数量	说明
患者更衣室	更衣柜	1	数量可根据空间尺度具体配置
	帘轨	1	直线形
	座椅	1	数量可根据空间尺度具体配置
医护更衣室	衣架	2	尺寸根据产品型号确定
	鞋架	1	尺寸根据产品型号确定
	更衣柜	6	数量可根据空间尺度具体配置
	办公桌	1	数量可根据空间尺度具体配置
	座椅	1	数量可根据空间尺度具体配置
	帘轨	1	直线形
术前准备室（区域）、麻醉恢复室	观察床	按需配置	根据具体场地条件选择安全设备
	急救治疗车	按需配置	根据具体场地条件选择安全设备
	围帘（导轨）	按需配置	根据具体场地条件选择安全设备
	抢救车	按需配置	根据具体场地条件选择安全设备
	储物柜	按需配置	根据具体场地条件选择安全设备

附表10　消化内镜房间家具配置表

房间家具	家具名称	数量	说明
诊疗室通用家具	工作台	1	宜圆角，尺寸根据产品型号确定
	座椅	1	带靠背、可升降、可移动
	非触摸式水龙头	1	防水板、纸巾盒、洗手液、镜子（可选)
	垃圾桶	1	医疗垃圾桶、生活垃圾桶、锐器桶
	药品器械柜	3	尺寸根据产品型号确定。器械柜存放常用内镜附件及常用药品和急救药品
	治疗车	1	尺寸根据产品型号确定。靠近检查床的附近放置一辆治疗车，治疗车上备有基础治疗盘，方便操作时使用
	清洗槽	1	尺寸据产品型号确定，非必须配备
	检查床（最好为轮状）	1	尺寸根据产品型号确定。平均每日检查超过20例的单位应设两张检查床，轮用为宜。内镜检查床和主机应位于房间同侧。有条件的内镜中心宜配备四床挡检查床，可升降、可移动。保证患者诊疗安全
	围帘（导轨）	1	按实际场地设置
	X线胶片观片灯	1	根据具体场地条件选择安全设备
	饮水机	按需配置	选择安全、方便设备
	储物柜	3	尺寸根据产品型号确定
	衣架	按需配置	尺寸根据产品型号确定
备注：条件许可，应备一辆急救车，车内备齐各种常用急救药品和器材，一旦需要，可立即展开急救			
无痛胃镜室及肠镜室特有家具	麻醉药品储存柜或麻醉药车	按需配置	根据具体场地条件选择安全设备

附表11　呼吸内镜房间家具配置表

房间家具	家具名称	数量	说明
诊疗室通用家具	工作台	1	宜圆角，尺寸根据产品型号确定
	座椅	1	宜安装一次性床垫卷筒纸
	非触摸式水龙头	1	防水板、纸巾盒、洗手液、镜子（可选)
	垃圾桶	1	医疗垃圾桶、生活垃圾桶、锐器桶
	药品器械柜	3	尺寸根据产品型号确定。器械柜存放常用内镜附件及常用药品和急救药品
	治疗车	1	尺寸根据产品型号确定。靠近检查床的附近放置一辆治疗车，治疗车上备有基础治疗盘，方便操作时使用
	清洗槽	1	尺寸据产品型号确定，非必须配备
	检查床（最好为轮状）	1	尺寸根据产品型号确定。平均每日检查超过20例的单位应设两张检查床，轮用为宜。内镜检查床和主机应位于房间同侧。有条件的内镜中心宜配备四床挡检查床，可升降、可移动。保证患者诊疗安全
	围帘（导轨）	1	按实际场地设置

续表

房间家具	家具名称	数量	说明
诊疗室通用家具	X线胶片、观片灯	1	根据具体场地条件选择安全设备
	饮水机	按需配置	选择安全、方便设备
	储物柜	3	尺寸根据产品型号确定
	衣架	按需配置	尺寸根据产品型号确定
	操作台	1	尺度据产品型号
	座椅	2	带靠背、可升降、可移动
	非触摸式水龙头	1	防水板、纸巾盒、洗手液、镜子（可选）
	垃圾桶	1	尺寸根据产品型号确定
	办公桌	1	尺寸根据产品型号确定
	储物柜	1	尺寸根据产品型号确定
	医用推车	1	根据具体条件选择安全设备

附表12　泌尿科内镜房间家具配置表

房间家具	家具名称	数量	说明
诊疗室通用家具	工作台	1	宜圆角，尺寸根据产品型号确定
	座椅	1	宜安装一次性床垫卷筒纸
	非触摸式水龙头	1	防水板、纸巾盒、洗手液、镜子（可选）
	垃圾桶	1	医疗垃圾桶、生活垃圾桶、锐器桶
	药品器械柜	3	尺寸根据产品型号确定。器械柜存放常用内镜附件及常用药品和急救药品
	治疗车	1	尺寸根据产品型号确定。靠近检查床的附近放置一辆治疗车，治疗车上备有基础治疗盘，方便操作时使用
	清洗槽	1	尺寸据产品型号确定，非必须配备
	检查床（最好为轮状）	1	尺寸根据产品型号确定。平均每日检查超过20例的单位应设两张检查床，轮用为宜。内镜检查床和主机应位于房间同侧。有条件的内镜中心宜配备四床挡检查床，可升降、可移动。保证患者诊疗安全
	围帘（导轨）	1	按实际场地设置
	X线胶片观片灯	1	根据具体场地条件选择安全设备
	饮水机	按需配置	选择安全、方便设备
	储物柜	3	尺寸根据产品型号确定
	衣架	按需配置	尺寸根据产品型号确定

附表13　耳鼻喉内镜房间家具配置表

房间家具	家具名称	数量	说明
诊疗室通用家具	工作台	1	宜圆角，尺寸根据产品型号确定
	座椅	1	宜安装一次性床垫卷筒纸
	非触摸式水龙头	1	防水板、纸巾盒、洗手液、镜子（可选）
	垃圾桶	1	医疗垃圾桶、生活垃圾桶、锐器桶
	药品器械柜	3	尺寸根据产品型号确定。器械柜存放常用内镜附件及常用药品和急救药品
	治疗车	1	尺寸根据产品型号确定。靠近检查床的附近放置一辆治疗车，治疗车上备有基础治疗盘，方便操作时使用
	清洗槽	1	尺寸据产品型号确定，非必须配备
	检查床（最好为轮状）	1	尺寸根据产品型号确定。平均每日检查超过20例的单位应设两张检查床，轮用为宜。内镜检查床和主机应位于房间同侧。有条件的内镜中心宜配备四床挡检查床，可升降、可移动。保证患者诊疗安全
	围帘（导轨）	1	按实际场地设置
	X线胶片观片灯	1	根据具体场地条件选择安全设备
	饮水机	按需配置	选择安全、方便设备
	储物柜	3	尺寸根据产品型号确定
	衣架	按需配置	尺寸根据产品型号确定

附表14 妇科内镜房间家具配置表

房间家具	家具名称	数量	说明
诊疗室通用家具	工作台	1	宜圆角，尺寸根据产品型号确定
	座椅	1	宜安装一次性床垫卷筒纸
	脚凳	1	不锈钢脚踏凳
	非触摸式水龙头	1	防水板、纸巾盒、洗手液、镜子（可选)
	垃圾桶	1	医疗垃圾桶、生活垃圾桶、锐器桶
	药品器械柜	3	尺寸根据产品型号确定。器械柜存放常用内镜附件及常用药品和急救药品
	治疗车	1	尺寸根据产品型号确定。靠近检查床的附近放置一辆治疗车，治疗车上备有基础治疗盘，方便操作时使用
	清洗槽	1	尺寸据产品型号确定，非必须配备

续表

房间家具	家具名称	数量	说明
诊疗室通用家具	检查床（最好为轮状）	1	尺寸根据产品型号确定。平均每日检查超过20例的单位应设两张检查床，轮用为宜。内镜检查床和主机应位于房间同侧。有条件的内镜中心宜配备四床挡检查床，可升降、可移动。保证患者诊疗安全
	围帘（导轨）	1	按实际场地设置
	X线胶片观片灯	1	根据具体场地条件选择安全设备
	饮水机	按需配置	选择安全、方便设备
	储物柜	3	尺寸根据产品型号确定
	衣架	按需配置	尺寸根据产品型号确定
	消毒柜	按需配置	尺寸根据产品型号确定

15

内镜中心常用参考规范

1.GB 5749—2022《生活饮用水卫生标准》

2.GB 15982—2012《医院消毒卫生标准》

3.GB 19762—2007《清水离心泵能效限定值及节能评价值》

4.GB 50016—2013《火灾自动报警系统设计规范》

5.GB 50016—2014《建筑设计防火规范》（2018版）

6.GB 50034—2013《建筑照明设计标准》

7.GB 50054—2011《低压配电设计规范》

8.GB 50057—2010《建筑物防雷设计规范》

9.GB 50189—2015《公共建筑节能设计标准》

10.GB 50222—2017《建筑内部装修设计防火规范》

11.GB 50311—2007《综合布线系统工程设计规范》

12.GB 50325—2001《民用建筑工程室内环境污染控制规范》

13.GB 50333—2013《医院洁净手术部建筑技术规范》

14.GB 50343—2012《建筑物电子信息系统防雷技术规范》

15.GB 50348—2018《安全防范工程技术标准》

16.GB 50751—2012《医用气体工程技术规范》

17.GB 51039—2014《综合医院建筑设计规范》

18.GB 51251—2017《建筑防烟排烟系统技术标准》

19.GB 51348—2019《民用建筑电气设计标准》

20.GB 55015—2021《建筑节能与可再生能源利用通用规范》

21.GB 55016—2021《建筑环境通用规范》

22.GB 55024—2022《建筑电气与智能化通用规范》

23.GB/T 7921—2008《均匀色空间和色差公式》

24.GB/T 14976—2002《流体输送用不锈钢无缝钢管》

25.GB/T 20801—2006《压力管道规范 工业管道》

26.GB/T 22239—2008《信息安全技术 信息系统安全等级保护基本要求》

27.GB/T 31458—2015《医院安全技术防范系统要求》

28.GB/T 50314—2015《智能建筑设计标准》

29.YY 0801.1—2010《医用气体管道系统终端 第1部分：用于压缩医用气体和真空的终端》

30.YY/ T0799—2010《医用气体低压软管组件》

31.YS/T 650—2007《医用气体和真空用无缝铜管》

32.JGJ 312—2013《医疗建筑电气设计规范》

33.WS 507—2016《软式内镜清洗消毒技术规范》

34.WS 310.1—2016《医院消毒供应中心 第1部分：管理规范》

35.WS 310.2—2016《医院消毒供应中心 第2部分：清洗消毒及灭菌技术操作规范》

36.WS 310.3—2016《医院消毒供应中心 第3部分：清洗消毒及灭菌检测标准》

37.WS/T 311—2009《医院隔离技术规范》

38.WS/T 312—2009《医院感染监测规范》

39.WS/T 313—2019《医务人员手卫生规范》

40.WS/T 367—2012《医疗机构消毒技术规范》

41.WS/T 368—2012《医院空气净化管理规范》

42.WS/T 511—2016《经空气传播疾病医院感染预防与控制规范》

43.WS/T 512—2016《医疗机构环境表面清洁与消毒管理规范》

44.WS/T 591—2018《医疗机构门急诊医院感染管理规范》

45.WS/T 592—2018《医院感染预防与控制评价规范》

46.GB/T 41659—2002《建筑用医用门通用技术要求》

47.GB 19761—2020《通风机能效限定值及能效等级》

48.卫生部令【2006】第48号《医院感染管理办法》

49.国务院令第380号《医疗废物管理条例》

50.《医疗废物分类目录》（2021）

51.国家消化内镜专业质控中心，中国医师协会内镜医师分会，中华医学会消化内镜分会. 中国消化内镜诊疗中心安全运行指南（2021）[J]. 中华消化内镜杂志，2021，38（6）:421-425.

52.《中国消化内镜中心安全运行专家共识意见》
53.《鼻科内镜诊疗技术临床应用管理规范（2019年版）》
54.《儿科呼吸内镜诊疗技术临床应用管理规范（2019年版）》
55.《儿科消化内镜诊疗技术临床应用管理规范（2019年版）》
56.《妇科内镜诊疗技术临床应用管理规范（2019年版）》
57.《关节镜诊疗技术临床应用管理规范（2019年版）》
58.《呼吸内镜诊疗技术临床应用管理规范（2019年版）》
59.《脊柱内镜诊疗技术临床应用管理规范（2019年版）》
60.《泌尿外科内镜诊疗技术临床应用管理规范（2019年版）》
61.《内镜诊疗技术临床应用管理规定》
62.《普通外科内镜诊疗技术临床应用管理规范（2019年版）》
63.《消化内镜诊疗技术临床应用管理规范（2019年版）》
64.《小儿外科内镜诊疗技术临床应用管理规范（2019年版）》
65.《胸外科内镜诊疗技术临床应用管理规范（2019年版）》
66.《咽喉科内镜诊疗技术临床应用管理规范（2019年版）》
67.《综合医院感染性疾病门诊设计指南（第一版）》
68.《内镜诊疗技术临床应用管理规范（2019年版）》
69.ANSI/AAMI ST91:2021. Flexible and semi-rigid endoscope processing in health care facilities.